Susanne A. Schmitt

In fünf Schritten zum perfekten Trainingsplan

Kynos

Danke! Fearghal, Viviane, Katja, Bob

Konrad-Zuse-Straße 3 • D-54552 Nerdlen/Daun
Telefon: 06592 957389-0
Telefax: 06592 957389-20
www.kynos-verlag.de

Gedruckt in Lettland

2. Auflage 2023

ISBN 978-3-95464-208-3

Titelbild: Nicole Hilgers nach Grafikvorlagen von Susanne A. Schmitt
Grafiken: Susanne A. Schmitt

KYNOS STIFTUNG

Mit dem Kauf dieses Buches unterstützen Sie die Kynos Stiftung Hunde helfen Menschen. www.kynos-stiftung.de

Inhaltsverzeichnis

Hokus,
Pokus,
Trainer-Magie!
Effektiv und
effizient ...

Kapitel 1

In fünf Schritten zum perfekten Trainingsplan!

Ein bisschen Prosa zur Einstimmung

Noch ein Hundebuch mit Trainings-Rezepten? Das Ziel des vorliegenden Leitfadens wird eigentlich schon im Namen des Titels verraten. Und ja, es hört sich ein wenig nach Rezept an. Mit dieser Anleitung stelle ich eine „Methode“ vor, wie man in fünf gleichen Schritten, egal, um welches Verhalten es sich handelt, immer einen perfekten Trainingsplan erhält.

Warum perfekt? Weil wir uns der Essenz bedienen, die *jedem* erfolgreichem Training zugrunde liegt!

Grundsätzlich ist es für jeden Projektmanager nichts Außergewöhnliches und täglich Brot, ein Projekt in fünf Schritten zu planen. Interessant wird es erst, wenn man es mit Tiertraining verbindet. Die meisten Trainer sind zwar hervorragende „Praktiker“, aber leider lausige Projektmanager.

Mit diesem Leitfaden möchte ich all denen, deren Ziel es ist, ein Tier erfolgreich zu trainieren, den „Ariadne-Faden des Trainings“ in die Hand legen.

In einer Geschichte aus der griechischen Mythologie schenkte Prinzessin Ariadne Theseus einen roten Wollfaden, damit er, nachdem er den Minotaurus getötet hatte, wieder aus dem Labyrinth herausfand und mit ihr fliehen konnte ... ich hätte also auch roter Faden sagen können, aber ich fand den Bezug zum Labyrinth sehr passend.

Auch Trainer verlieren sich gerne im Wirrwarr ihres Trainings – oftmals legen sie ein grandioses Training „aufs Parkett“, nur leider können sie nicht erklären, was sie gerade tun und warum, wie sie dort hingekommen sind, ob sie überhaupt dorthin wollten und wissen selten, wie sie Trainingsergebnisse nachvollziehbar für Dritte (z. B. ihre Kunden) dokumentieren, steuern und rekonstruierbar machen können oder wie sie effizient Aufzeichnungen erstellen, die ihnen helfen, noch bessere Trainer zu werden.

Warum „nur“ ein Leitfaden? Weil wir uns nur mit der Struktur des Trainings beschäftigen werden und die Leichtigkeit der Methode durch die Kürze authentischer zu transportieren ist als durch einen fetten, tausendseitigen Schmöker.

Eine Schablone für eine Struktur? 100% ja! Ein Rezept für die Inhalte? 100% „jain“!

Verhalten herstellen ist eine Evolution, keine Revolution!

„Am Bau" gibt es die begnadeten „Trouble-Shooter" und „John Waynes" (so genannt wegen des Treffens von einsamen Entscheidungen im Morgengrauen), die genauso schnell Insel-Lösungen liefern, wie sie im Anschluss der Präsentation derer wieder spurlos verschwinden! Ähnlichkeiten mit prominenten (vor allem) Fernseh-Hundetrainern durchaus erwünscht! Meist wird das Ausmaß der nicht bedachten Konsequenzen (z. B. Lerngesetze!) und daraus resultierenden Schäden (z. B. Fehlerknüpfung, Meideverhalten, schlampiges Verhalten) erst sichtbar, wenn sich der Staub der hektischen Betriebsamkeit verzogen hat. Aber da haben sie längst die Stadt gen Sonnenuntergang verlassen und überlassen es den „Hinterbliebenen" mit den angerichteten Kollateralschäden zu leben. Gerade Hundetrainer, die seit Jahren Hunde besitzen und/oder trainieren, neigen zum Interpretieren, ohne ausreichend objektive, vergleichbare Daten gesammelt zu haben.

Ich sage in so einem Fall gerne, nur weil ich seit fünfzig Jahren eine Lunge habe und sie erfolgreich benutzen kann, macht mich das nicht zum Lungenspezialisten!

Zu einem guten Training gehört auch die Evaluation eines „Verhaltens-Erhaltungs-Plans" und ist nicht beendet, wenn das Tier das gewünschte Verhalten ein einziges Mal, unter optimalen Bedingungen und nur bei einer bestimmten Person (z. B. einem „Dog Whisperer") gezeigt hat, außer natürlich, das war wirklich das Ziel!

Training ist ein Film, kein Standbild!

Damit Verhalten verlässlich wieder gezeigt wird, hat die Natur einen ziemlich rigiden Evaluierungsprozess im genetischen Code für das Lernen hinterlegt. Das neu konditionierte (gelernte) Verhalten muss sich *verlässlich* als von Vorteil für das Tier erweisen!

In der Folge wird aber das bisherige Verhalten vorsichtshalber mal als „Plan B" im Verhaltens-Archiv vorgehalten und kann zukünftig als spontane Erholung wieder oder Löschungstrotz weiterhin auftreten.

Und die Waage der erhaltenen Verstärker für das neu erlernte Verhalten muss eindeutig in dessen Richtung zeigen, damit es von nun an häufiger gezeigt wird.

Credo!

Der Leitfaden war schon zu großen Teilen geschrieben, da brachte mich ein „Lektor" auf den Gedanken, dass ich vielleicht ein Credo einfügen sollte, so gleich am Anfang ...

„Strafen haben im Training nichts zu suchen!" Viele Trainer stimmen mir da zu, tat ich auch, viele Male, bei anderen Trainern, die dieses Mantra sangen, allerdings ohne mir wirklich bewusst zu machen, was das bedeutet.

Über das Schreiben wurde es mir dann klar: Mein Training ist ausschließlich am Herstellungsprozess und nicht an der „Zerstörung" eines Verhaltens orientiert!

Wer also positive oder negative Strafe in meinen Modellen sucht, wird sie nicht finden. Lieber tüftele ich noch ein paar Stunden länger an meinem Trainingsplan, als dass ich das Tier meine Faulheit ausbaden lasse ...

Die Essenz guten Trainings, oder: Aufbau und Inhalt dieses Leitfadens

Kapitel 1 & 2

Nach der „Prosa"-Einführung und der Erläuterung, für wen und für wen eben nicht dieser Leitfaden geschrieben wurde, müssen wir in

Kapitel 3

schnell noch die wichtigsten Begriffe besprechen, damit wir unser Verständnis und Wissen „kalibrieren", um im weiteren Verlauf vom selben

Niemand plant zu versagen,
aber die meisten versagen beim Planen.

zu sprechen. Was nützt die schönste Anleitung, wenn die verwendeten Schlüsselbegriffe unterschiedlich interpretiert oder verstanden werden?

Wer mag, kann diese Kapitel überfliegen ... mein Ansinnen war, die Vokabeln, die wir für den Trainingsplan brauchen, hier in ihrer Kernaussage zusammengedampft wiederzugeben. Natürlich ausgehend von meinem Verständnis. Wer mehr lesen will oder die Begriffserklärungen überprüfen möchte, fühle sich bitte eingeladen, weiterführende Literatur zu befragen.

Wie sagt meine Mutter immer: „Wenn's schon nix nützt, schaden kann's bestimmt nicht."

Kapitel 4
In „medias res" ... los geht's beim Planen!

Hier stellen wir die Bausteine, die wir zur Erstellung des Trainingsplans benötigen, vor und fügen sie in der richtigen Reihenfolge übersichtlich zusammen.

Wir basteln uns mit der Standard-Struktur unsere eigene Schablone, die wir zukünftig für *alle* Trainingspläne nutzen werden. Yeah!

Kapitel 5
beschäftigt sich mit der Dokumentation.

„Igitt! Wir wollen trainieren und nicht dokumentieren!"

Ja, aber ohne Dokumentation kein Nachweis, ohne Nachweis nix da, wogegen ich den Erfolg messen kann und schon fällt mein Training zurück in den Bereich der Legenden, Mythen und des „Hören-Sagens".

Wenn keine objektive Messung des Erfolgs möglich ist, ist jede Aussage über die Qualität des Trainings unseriös!

Je komplexer das Thema, desto wichtiger ist eine einfache Dokumentation. Wenn viel „Brain" mit dem Training an sich beschäftigt ist, muss eine einfache, logische Dokumentation her. Sie hilft, den Fokus auf dem Training und den festgestellten Erkenntnissen zu lassen und reduziert die immens wichtige Dokumentation zu einem Standardablauf, der keine wichtigen Denkressourcen belegt. Ach ja, und sie sollte die oben angesprochene Standard-Struktur widerspiegeln!

Kapitel 6
„Mach mal ein praktisches Beispiel!"

Das ist der meistgehörte Satz in meinen Vorträgen, Seminaren und Schulungen. Deshalb werde ich hier ein Beispiel vorstellen, welches ich selbst so umgesetzt habe.

Kapitel 7
enthält ein paar Literaturverweise und Links auf Internetseiten, die ich besonders empfehlen möchte. Es ist wirklich nur ein kurzer Abriss dessen, was es an guter Literatur und Internetseiten gibt.

Kapitel 2

„Geltungsbereich"

It's simple,
but not easy!

Für wen ist diese Anleitung geschrieben?

Eigentlich ist dieser Leitfaden für Menschen geschrieben, die mit Hunden trainieren.

Aber nachdem *mein* Ziel ist, dem hier vorgestellten Konzept die bekannten wissenschaftlich und empirisch nachgewiesenen Prinzipien der Lerntheorie zugrunde zu legen, ist es irgendwie für alle „Trainer" geeignet, egal, wen oder was sie trainieren möchten. Die Grundlagen ... die Gesetze ... die Essenz ist immer dieselbe.

Den professionell arbeitenden Trainern

liefert es eine einheitliche Struktur, die je nach Anspruch an das zu trainierende Verhalten, das beteiligte Tier und das gewünschte Ergebnis variabel vertieft und/oder vereinfacht werden kann.

Es gibt Verhalten, die müssen einfach zuverlässig auftrainiert sein, weil Schäden abgewendet, Leben gerettet oder Menschen unterstützt werden sollen, zum Beispiel bei Wanzen-, Drogen-, Allergie- oder Sprengstoffspürhunden, Rettungs-, Diabetiker-, Blindenführ- oder Assistenz-Hunden.

Deshalb müssen bestimmte Verhalten im Aufbau bis ins Kleinste geplant und während der Verdichtungs-, Ablenkungs- und Generalisierungsphase zuverlässig abgesichert werden.

Den unerfahrenen Trainern

gibt es eine Vorlage, ihr theoretisch erworbenes Wissen in die Praxis umzusetzen.

Die „normalen" Hundehalter
soll es motivieren, sich selbst als Trainer ihres Hundes zu versuchen, anstatt das Wohl ihres Tieres in fremde Hände zu legen.

Denn gutes Training ist simpel, aber nicht einfach! (Robert E. Bailey: „It's simple, but not easy!")

Abgrenzung / Anwendungshinweise

Voraussetzung, wie eingangs erwähnt, für das Erstellen unserer Schablone sind die Grundlagen der Lerntheorie, sie sollten in Ansätzen bekannt sein. Dies ist Grundvoraussetzung, alldieweil wir in diesem Leitfaden „nur" über die richtige Konzeptionierung dieser Grundlagen sprechen wollen und diese als Bestandteile in unsere Schablone einbauen, damit nix vergessen wird und Training geordnet stattfinden kann.

Diese Grundlagen zu „lehren" würde eindeutig den Rahmen dieses „Büchleins" sprengen. In Kapitel 3 werden wir uns zwar die wichtigsten Aussagen der Lerntheorie in „kurz-sätzigen" Erklärungen zusammengefasst ansehen, *aber* die Inhalte und Ausführungen sind fernab der Vollständigkeit.

Das Kapitel soll lediglich unsere Synapsen ein wenig anschubsen, falls sie vergessen haben sollten, dass diese Gesetze existieren.

Weiterführende Literaturvorschläge findet Ihr am Ende des Buchs.

Das handwerkliche Geschick, das dringend gebraucht wird, um die theoretische Planung erfolgreich in die Praxis umzusetzen, kann während des Trainings erworben und erweitert werden! Jedes Training ist nicht nur Lernen für das Tier, sondern auch für uns als Trainer.

„Repetitio est mater studiorum!" oder „Wiederholung ist die Mutter des Lernens resp. der Studien!"

Horaz (römischer Dichter)

Kapitel 3

Begriffe und Abkürzungen

Dieses Kapitel enthält die wichtigsten Begriffe, erklärt aus meinem Verständnis heraus und mit den für mich wichtigsten Aussagen des Gesetzes. Selbst wenn Ihr Euch fit fühlt, solltet Ihr hier „drüberfliegen“ ...

Für das weitere Verständnis ist es ein wichtiges Kapitel. Wie mit allen guten Plänen, müssen die Inhalte, Gesetze und Regeln beherrscht werden, damit sie bei der Erstellung des Plans angemessen berücksichtigt werden.

Begriffe aus der Wissenschaft

Diese Begriffe sollten bekannt und im Idealfall auch verstanden sein. Die fünf Standard-Schritte zur Erstellung eines perfekten Trainingsplanes würden auch funktionieren, wenn man diese Begriffe nicht zu 100% beherrscht, aber Training macht einfach so viel mehr Spaß, wenn man versteht, was das Tier gerade tut und warum.

Nachdem die Lerngesetze immer in ihrer Gesamtheit zutreffen, macht es keinen Sinn, ihnen eine Wertigkeit zu geben.

Klassische Konditionierung = A -> B

Über dieses Gesetz ist Herr Ivan Petrovič Pavlov (1849-1936) um 1900 herum „gestolpert“, als er gerade eigentlich etwas über das Verdauungssystem des Hundes herausfinden wollte.

Es besagt: Dass es Verhaltensmuster (Behavior = B) gibt, welche wir, ohne dass wir nachdenken, zeigen, sobald ein bestimmter Reiz in einem bestimmten Kontext (Antecedent = A => alles, war vor dem Verhalten in der Umwelt passiert) auftritt.

Diese Art des Lernens nennen wir assoziativ, weil Sachen miteinander verknüpft = assoziiert werden. Und bei der klassischen Konditionierung läuft dies meist unbewusst ab.

Man sagt dieser Art des Lernens nach, dass die Verbindung / Verknüpfung sehr stark ist, eben weil es unbewusst passiert, da wir uns der Entstehung der Verknüpfung (oftmals) nicht bewusst sind!

Dies macht das Rückgängig-Machen, das „Ent-knüpfen“, so schwierig. Also zumindest dann, wenn wir ein bestimmtes Verhalten eben nicht (mehr) reflexartig zeigen möchten, nur weil ein bestimmter Reiz oder eine bestimmte Situation von unserem Unbewussten damit verknüpft wurde.

Dieses Gesetz wird im Tiertraining, bei der Arbeit mit operanter Konditionierung, oft unterschätzt. Wenn wir nicht erkennen, wo sich gerade eine klassische Konditionierung anbahnt, die wir eigentlich so nicht haben wollten. Und glauben, nur weil wir gerade „operant“ trainieren, klassisches Lernen parallel nicht stattfinden dürfte.

Nicht umsonst sagt Robert E. Bailey: „Pavlov is always sitting on your shoulder!“

Deshalb immer schön alle Reize, die zu einem konditionierten Stimulus (= A = Antecedent) für ein Verhalten (= B = Behavior) werden könnten, im Blick behalten!

Eigentlich wollte ich in diesem Teil des Leitfadens nicht zu tief einsteigen, aber folgendes möchte ich noch zum Wiederkäuen mitgeben: Angeblich hat Pavlov selber nie vom Löschen gesprochen! Es soll ein Übersetzungsfehler aus dem Russischen ins Englische sein und wir Deutschen haben das dann wohl so abgeschrieben.

Er sprach lediglich davon, dass die Auftrittswahrscheinlichkeit geringer wird, gen Null geht, aber nie Null sein kann! Einmal erlerntes Verhalten bleibt im Repertoire eines Organismus verankert und latent abrufbar, auch, wenn es bis zu seinem Tode nicht mehr gezeigt oder verstärkt wird.

Operante/ instrumentelle Konditionierung = A : B -> C

Diese Entdeckung könnte man als Geburtsstunde des (modernen?) Tiertrainings bezeichnen. Wie Mr. Bailey immer sagt: „Tiere haben schon Millionen von Jahren hervorragend gelernt, ohne dass ein Trainer anwesend war!“ Der Mensch hat lediglich die Gesetzmäßigkeit hinter dem Verhalten entdeckt und diese für sich anzuwenden gelernt.

Also wieder ein Gesetz, was es schon immer gab ... es bedurfte „nur“ der Entdeckung. Der bekannteste Entdecker und Anwender ist wohl Burrhus Frederic Skinner (1904–1990).

Die fünf Bestandteile der operanten Konditionierung:

- der Stimulus
- die Verstärkung
- das Löschen
- die Strafe
- das Generalisieren

Die operante oder instrumentelle Konditionierung gehört ebenfalls zum assoziativen Lernen. Aber hierbei entscheidet sich der Organismus „bewusst", auf einen Reiz hin (im dazugehörigen Kontext) ein bestimmtes Verhalten zu zeigen, und das einzig und allein wegen der zu erwartenden Konsequenz (Consequence = C).

Verstärker („Belohnung")

Auch ein ganz einfacher Begriff, der gerne verkompliziert wird.

Alles, was die Auftrittswahrscheinlichkeit eines Verhaltens erhöht, gilt per Definition als Verstärker.

Wenn das Verhalten nicht häufiger gezeigt wird, so gibt es auch keinen Verstärker. So sehr sich das der Trainer auch wünschen mag! Das zu trainierende Tier bestimmt übrigens, was es (in dieser Trainingssituation) als Verstärker empfindet.

Wie heißt es so schön: „Der Wurm muss dem Fisch schmecken, nicht dem Angler!"

Kein „Mehr" an Verhalten => kein Verstärker „im Spiel"!

Dass trotz des Vorhandenseins eines Verstärkers nicht das „richtige" Verhalten gezeigt wird ... dafür gibt es andere Gründe, die wir uns weiter unten nochmals in Erinnerung bringen.

Primäre und sekundäre Verstärker:

Was primäre Verstärker *wirklich* sind, da gibt es unterschiedliche wissenschaftliche Meinungen drüber ...

Einige Wissenschaftler sagen, dass es *nur* solche sein dürfen, die überlebensnotwendig wie Futter, Wasser, Fortpflanzung, Schutz etc. sind.

Für David Premack (1925–2015) z. B. war selbst der primäre Verstärker „Futter“ auch *nur* ein Verhalten, nämlich das Verhalten Fressen. Deshalb sagte er, dass alles, was ein Tier lieber tun würde als das, was es gerade tut, als Verstärker für gerade gezeigte Verhalten fungiert.

Und alles was den „erhofften“ Verstärker ankündigt, wird zum Verstärker zweiten, dritten, vierten etc. Grades.

Beispiel: Verhalten Sitzen auf das Wortsignal >Sitz<

Das Kriterium heißt: Der Hintern des Hundes muss den Boden berühren.

Als primärer Verstärker wurde „Oh-my-God-Food“ (Erklärung s. u.) gewählt. Als sekundärer Verstärker der Klicker.

Für den Hund kann aber das unbewusste Luftanhalten mit gleichzeitigem Anheben der Klicker-Hand unsererseits ein quartärer, der Klick ein tertiärer und der Griff zur Futtertasche der sekundäre Verstärker sein. Das heißt, das zuverlässige Luftanhalten und Klicker anheben kurz *bevor* der Hund sich setzt, kündigt den primären Verstärker „Futter“ lange vor dem Klicker an!

Nun darf man sich nicht wundern, dass der Hund in der Bewegung innehält und sein Futter erwartet, obwohl der Popo noch in der Luft ist ... wir haben es ihm gerade beigebracht.

Wie heißt es in der Top-Trainer-Welt von Viviane Theby: „Du bekommst das, was Du verstärkst, nicht das was Du möchtest!“

Bei der klassischen Konditionierung haben wir bereits gelernt, dass Pavlov immer auf unserer Schulter sitzt. Denn je häufiger ich den tertiären oder quartären Verstärker mit dem Futter verlässlich (Kontingenz!) verknüpfe, desto schneller wird er vom Tier mit dem primären verknüpft. Deswegen wird auch irgendwann ein mit positiver Verstärkung auftrainiertes Signal zum Verstärker für das Verhalten, was der Hund kurz vor dem Signal gezeigt hat, weil es immer häufiger verlässlich mit dem Futter gepaart wurde, auch, wenn das Futter erst gaaaanz am Ende als Konsequenz kommt ... Halt! Wir schweifen ab, in diesem Leitfaden soll es sich um Trainingspläne drehen!

Typische sekundäre Verstärker, zur Erinnerung: gewollte und ungewollte

Lob-Wort, Schnalzen, „künstliche“ akustische Signale (z. B. Klicker, Pfeife, Ton vom „Manners-Minder“, „Treat´n Train“ etc.), rascheln mit der Leckerli-Tüte, greifen zur Futtertasche, Anheben der Klicker-Hand etc.

Ach, um die Diskussion gleich „im Keime“ zu ersticken: das Tier und (vielleicht noch) der Futterpunkt entscheiden darüber, ob mit dem Klick das Verhalten beendet wird oder nicht!

Auch wenn das Trainings-System „Hoffen-und-Beten“ bei vielen Trainern an dieser Stelle sehr beliebt ist. Wenn das Verhalten nach dem Klick weiter gezeigt werden soll, so ist dies ein *eigenes* Kriterium und muss separat trainiert werden, ich sollte es nicht erwarten.

Signale (Reize)

Was sind Signale?

Ich habe vorsichtshalber Reize mal in Klammern dazu gesetzt. Signale sind alle die Reize, die vom Tier (über dessen Sinnesorgane) wahrgenommen werden können. Deshalb sollte ich genau wissen, wie die Sinnesorgane meines (zu trainierenden) Tieres funktionieren!

Ob das Signal eine Bedeutung hat oder bekommt, ist bei der operanten Konditionierung von der Konsequenz (= dem „C“ = der Belohnung) abhängig und bei der klassischen Konditionierung von der Voraussagekraft (Kontingenz) des Reizes.

Wir wissen (s.o.), die klassische Konditionierung passiert meist unbewusst, deshalb wird das Signal „nur“ unbewusst vom Tier wahrgenommen, wohingegen bei der operanten Konditionierung das Tier das Signal bewusst wahrnehmen können muss, um wegen der zu erwartenden Konsequenz ein bestimmtes Verhalten zeigen zu können.

Und wieder liegt es im „Entscheidungsbereich“ des Individuums, was es als Signal / Reiz bewusst wahrnimmt respektive unbewusst wahrnehmen kann!

Die vier Konsequenzen, das „hohe C" der operanten Konditionierung

Es gibt unterschiedliche Begriffserklärungen und Begriffsdefinitionen für das, was auf ein Verhalten folgt und welchen Einfluss dies auf die Auftrittswahrscheinlichkeit und -Häufigkeit des Verhaltens hat. Je nachdem, in welchem Fachgebiet (Verhaltensbiologie, Verhaltensanalyse etc.) wir uns aufhalten, spricht man eventuell „nur" von Verstärkern mit unterschiedlicher Auswirkung auf das Verhalten oder es wird nochmal in Strafe und Verstärkung unterteilt.

Bei der operanten Konditionierung arbeiten wir mit der Einteilung der Konsequenzen in Strafe – macht das Auftreten des Verhaltens unwahrscheinlicher = Verhalten wird insgesamt weniger gezeigt und Verstärkung – macht das Auftreten des Verhaltes wahrscheinlicher = Verhalten wird insgesamt häufiger gezeigt.

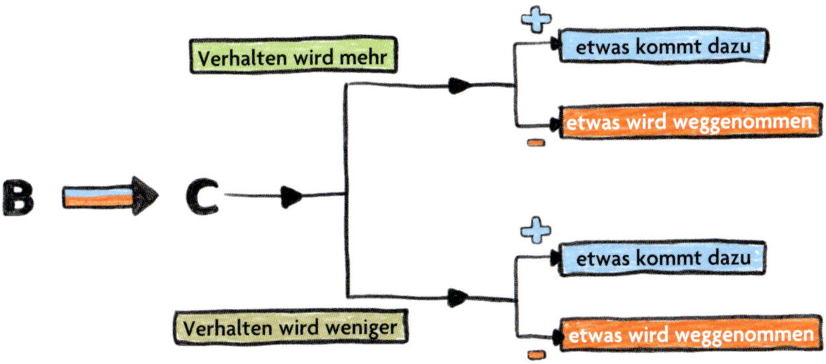

Legende: **B** = Behavior / Verhalten **C** = Consequenz / Konsequenz

Die Grafik soll nochmals verdeutlichen, dass positiv und negativ bei der operanten Konditionierung „mathematisch" zu verstehen sind, also etwas hinzufügen wird mit positiv und etwas wegnehmen mit negativ umschrieben! Es handelt sich also nicht um eine qualitative Wertung, dass etwas gut oder schlecht ist!

Immer wieder lassen sich vor allem nicht belesene Hundeleute durch die Begrifflichkeit verwirren. Deshalb hier eine kurze Auflistung, wie die vier Konsequenzen erreicht und wie sie vom Protagonisten empfunden werden.

Wie immer auch hier der Hinweis: Wie das Individuum die Konsequenz empfindet, bestimmt nicht der Trainer, sondern das Tier! Oftmals ist erst anhand der Reaktion auf die Konsequenz erkenntlich, wie die Konsequenz vom Tier empfunden wurde und wozu sie deshalb zuzuordnen ist.

Positive Strafe

Als Konsequenz auf das Verhalten folgt etwas Unangenehmes.
Ausgelöste Gefühle: Angst und / oder Schmerz

Negative Strafe

Als Konsequenz auf das Verhalten wird etwas Angenehmes entfernt.
Ausgelöste Gefühle: Frust, Enttäuschung

Positive Verstärkung / Belohnung

Als Konsequenz auf das Verhalten folgt etwas Angenehmes.
Ausgelöstes Gefühl: Freude

Negative Verstärkung / Belohnung

Als Konsequenz auf das Verhalten wird etwas Unangenehmes entfernt.
Ausgelöstes Gefühl: Erleichterung

Für die Fortgeschrittenen in Sachen Lerntheorie

Nur zur Erinnerung ... denn gehört haben wir davon irgendwie alle schon einmal respektive wurden selbst „Opfer“ dieser Gesetze.

*Robert Arthur Rescorla (*1940)*

Herrn Rescorla haben wir die Weiterentwicklung der Entdeckung des Herrn Pavlov zu verdanken. Rescorla fand heraus, dass weniger die zeitliche Verknüpfung (Kontiguität) zwischen zwei Stimuli entscheidend für die Übertragung der Auslösekraft auf das dahinter liegende Verhalten ist, sondern seine Vorhersagekraft (Kontingenz)!

Rescorla-Wagner-Modell:

Gemeinsam mit seinem Kollegen Allan R. Wagner (*1934) entwickelten die beiden sogar eine mathematische Formel, mit welcher sich die Wahrscheinlichkeit des Auftretens eines Verhaltens mathematisch berechnen lässt. Das ist schön zu wissen, aber solange wir nicht unter Laborbedingungen arbeiten, nicht wirklich hilfreich für unser Training. Der Vollständigkeit halber sei es hier erwähnt. Wer mehr wissen will, in Kapitel 7 habe ich weiterführende Literatur aufgelistet, für alle Wissbegierigen, die es genauer wissen möchten.

Matching Law

Das „Gesetz der Übereinstimmung". Ein sehr spannendes, oft unterschätztes und gern übersehenes Gesetz, welches uns „in den Rücken" fällt, wenn wir gerade so richtig gut gelaunt, belohnungsaktiv unterwegs sind.

Es war wohl Richard Julius Herrnstein (1930–1994), der es als erster öffentlich formulierte. Und wie bei allen Wissenschaften wissen wir nie, ob wir schon am Ende der Entdeckung oder erst am Anfang stehen ...

Zum aktuellen Zeitpunkt besagt das Matching Law, dass alternative Verhaltens-Antworten auf ein Signal relativ zu ihren erfahrenen Belohnungen auftreten werden.

Ein Beispiel, wieder am Verhalten Sitzen, auf das Wortsignal „Sitz":

Wurde der Hund von 100 Belohnungsfällen (für das Sitzen nach dem Wortsignal) 70 Mal dafür belohnt, dass er „gerade" und 30 Mal dafür, dass er „schief" gesessen hatte, so liegt die Wahrscheinlichkeit, dass er das „schiefe" Sitzen auf das Signal „Sitz" in Zukunft zeigt, bei 30 %.

Das ist immens wichtig, um zu verstehen, wie sich (leichtfertiges) Belohnen des unfertigen oder fast richtigen Verhaltens auf die Qualität des angestrebten Verhaltens auswirkt.

Die unterschiedlich belohnten Verhaltensvariationen werden prozentual ihrer Verstärkung zukünftig auftreten, auch wenn wir meinen, das Tier müsste mittlerweile „verstanden" haben, dass wir *eigentlich* das „gerade" Sitzen meinten. Tieren nachzusagen, dass sie den Sinn hinter einem Verhalten verstehen können, ist unfair. Gerade, wenn man bedenkt, dass wir (meist) selbst nicht verstehen, warum wir bestimmte Verhalten immer wieder zeigen, *obwohl* wir „wissen", dass sie nicht gut für uns sind, zu viele und/oder ungesunde Dinge essen, um nur ein klitzekleines Beispiel zu geben. Deshalb verlässt sich das Tier auf seine innere Statistik. Dass wir gerades Sitzen beim Wortsignal „Sitz" meinen, können wir deshalb *nur* und *ausschließlich* dem Tier erklären, wenn wir auch *nur* und *ausschließlich* genau das belohnen!

Und wer glaubt, dass er seinem Tier hilft, wenn er die Bemühung, das richtige Verhalten zu zeigen, belohnt, erreicht meist das Gegenteil. Letztendlich wollen wir häufig nur unser schlechtes Gewissen beruhigen, weil wir nicht in der Lage waren, das Setting so aufzubauen, dass das Tier *nur* das gerade Sitzen zeigen konnte.

Wegen der Nichtbeachtung des Matching Laws werden viele Hunde als dumm und stur, im schlimmsten Fall als „dominant“ bezeichnet!

Neeee, wir waren einfach nur zu missverständlich in unserer Kommunikation!

Schlampig gezeigtes Verhalten sagt nichts über die Fähigkeiten des Tieres, aber alles über die des Trainers aus!

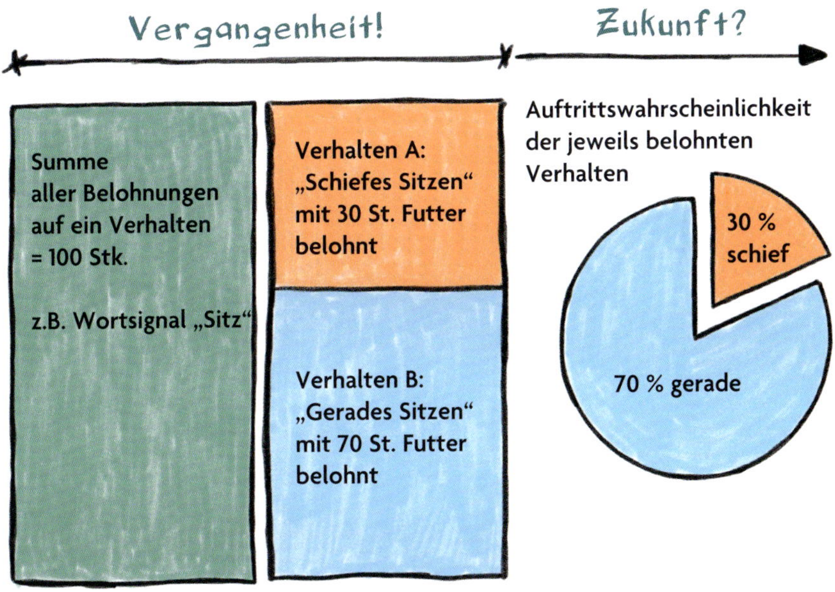

4-Term-Contingency

Ein weiteres Erklärungsmodell für Verhalten, das meiner Meinung nach viel zu wenig „objektive“ Beachtung findet. Für mich bildet es die Verbindung zwischen den faktenorientierten „Labortrainern“ und den emotionalen „Bauchtrainern“.

„Labortrainer“ sind für mich jene, die glauben, dass die sterilen Erkenntnisse des Labors 1:1 auf die Realität außerhalb des Labors übertragbar seien. Sie vergessen dabei, dass die variablen „Motivating Operations“ (Umwelt- und Umgebungseinflüsse auf den Antecedent) Einfluss auf den Wert des Verstärkers (Consequence) haben und somit die Qualität des zu trainierenden Verhaltens stark beeinflussen können.

„Bauchtrainer" hingegen interpretieren zu schnell variable, nicht messbare Einflussgrößen in das mangelhafte Training hinein, ohne sicherzustellen, dass die Technik, der Aufbau und die Gesetze dahinter eingehalten wurden.

Die viergliedrige Kontingenz (4-Term-Contingency) berücksichtigt diese *variablen* Einflussgrößen, ohne die Aussagekraft und Wertigkeit der Formel A : B -> C (3-Term-Contingency) oder A -> B (2-Term-Contingency) aufzuweichen. Sie stellt lediglich die MO (Motivating Operations) dem A (Antecedent) voran. Man könnte es vielleicht auch als Setting oder Voraussetzung bezeichnen, in welchem A : B -> C stattfindet. Also wenn kein Durst (MO) vorhanden, ist die Flasche Wasser (A), die vor einem steht nicht das Signal, daraus zu trinken (B), um den Durst (C) zu löschen.

Für mich stellt sie daher die angestrebte Balance zwischen Kopf- und Bauchtraining dar. Mit dem Durst, das war ein einfaches Beispiel – wie eingangs gesagt, sind die Beweggründe, etwas zu tun oder auch nicht, nicht immer so offensichtlich und ein Bauchtrainer kann das schon mal eher „erfühlen".

Diese Motivating Operations lassen sich halt nicht so richtig messen. Unter Laborbedingungen können sie weitestgehend ausgeschlossen werden, aber in der realen Draußen-Welt sollten wir versuchen, sie zu erkennen, sie möglichst zu kontrollieren und im Plan berücksichtigen, *ohne* alle schlechten Trainingsergebnisse gleich in jene „leider ja unkontrollierbare Ecke" zu interpretieren.

Wir kennen die Sprüche: „Ach, der Hund hat gerade mal keine Lust, weil er die Übung an sich super langweilig findet" und in Wirklichkeit bräuchte man nur einen „gescheiten" (sprich für den *Hund* wertvollen) Verstärker hinter das Verhalten packen und schon wäre er „mit Begeisteung" dabei.

Verhaltensökonomie

Nein, wir befinden uns nicht in der Betriebswirtschaft. Wieder einmal ist die Natur die Vorlage für Erkenntnisse, mit denen wir Menschen versuchen, die Zukunft voraussagbar zu machen.

Verhaltensökonomie bedeutet ganz einfach gesprochen: die Balance zwischen Aufwand und Ergebnis. Also „tierisch" gesehen, die Antwort auf die Frage: „Ist die Energie, die ich durch mein Verhalten erhalte, höher als jene, die ich für das Verhalten aufwenden muss?"

Tiere haben einen eingebauten „Controller", der genau nachrechnet, welches Verhalten lohnender ist.

Ist irgendwie auch logisch, diejenigen, die solche Zusammenhänge in der Vergangenheit über einen längeren Zeitraum falsch eingeschätzt hatten, haben (normalerweise) nicht überlebt.

Wichtiger Leitsatz deshalb fürs Training: „Es muss sich für das Tier lohnen, mit und für uns zu arbeiten!"

Vilfredo Pareto (1848-1923) oder die „80-20-Regel"

Ein simples Prinzip, um sehr schnell festzustellen, ob ich gerade höchst effizient, aber eventuell am Falschen arbeite!

Dieses Prinzip besagt, dass in 20% der Zeit 80% der Ergebnisse produziert werden!

In diesem Zusammenhang sei noch schnell der Unterscheidung zwischen Effektivität und Effizienz erklärt. Effektivität: „Die richtigen Dinge tun." Effizient: „Die Dinge richtig tun."

Wenn jemand effizient arbeitet, heißt das somit noch lange nicht, dass er am Richtigen arbeitet. Man kann also durchaus effizient arbeiten, aber leider am Falschen!

„Wissenschaftliches" Schlusswort

Bei all dem oben Gesagten sollte man immer daran denken, dass jeder Regel auch eine Ausnahme innewohnen kann und dass wissenschaftliche Erkenntnisse nur eine Momentaufnahme sind. Sie spiegeln oftmals den Zeitgeist zum Zeitpunkt ihrer Entdeckung wider und auf jeden Fall den „Stand der Technik", was Messmöglichkeiten angeht. So weiß man bis heute noch nicht, was der Hund nun genau auf der „leichten" oder „schweren"

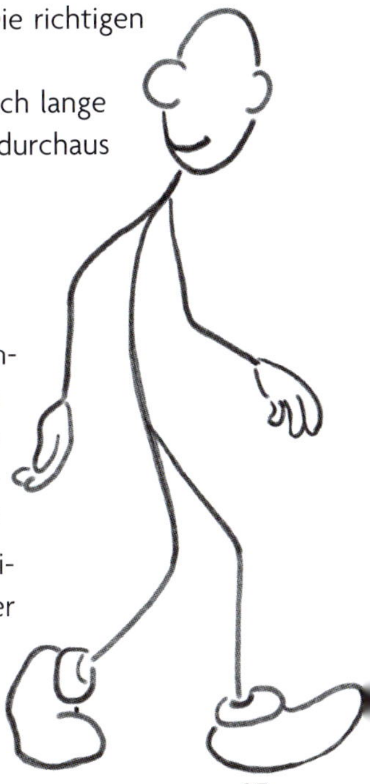

Spur (Begriffe aus der Fährtenarbeit) riecht. Es gibt einfach keine Geräte, die in der Lage sind, die Unterschiede zu messen.

„Meine" Begriffe

Folgend die Erklärungen einiger Begriffe, wie ich sie in diesem Leitfaden verstanden haben möchte. Ich erkläre sie vorab, damit die Stringenz der Struktur nicht durch Erklärungen unterbrochen werden muss. Die Reihenfolge ist, wie im wissenschaftlichen Kapitel, kein Hinweis auf eine eventuelle Wertigkeit.

Trainingssysteme

Die unterschiedlichen Trainingssysteme „verstecken" sich im weiteren Verlauf des Leitfadens in der Umsetzung, dem Training selbst. An dieser Stelle will ich nur schnell nochmal daran erinnern, welche Prinzipien es gibt.

Eigentlich sind es nur zwei Oberbegriffe und darunter viele Varianten, die sich teilweise überschneiden oder je nach „Trainings-Guru" unterschiedlich ausgelegt, abgegrenzt oder benannt werden. Letztendlich, wenn wir schnell und gut sein wollen, werden wir eine Mischung verwenden, damit wir für jede Antwort des Tieres eine passende *neue* Frage formulieren können.

Locken	Formen
Das Tier wird durch ein Lockmittel (primäre Verstärker und/oder Motivationsgegenstände) in das gewünschte Verhalten gelockt. **Varianten:** • Target-Training • Mimikry • Gegenteil von Locken • Modeling	Das Tier bietet (von sich aus) verschiedene Verhalten an. Durch geschicktes Bestätigen in Richtung des Endverhaltens wird das Verhalten „geformt". **Varianten:** • Einfangen des Endverhaltens • Freies Formen
Zusätzlich für Locken und Formen: Umwelt- und Management-Maßnahmen	

Wenn man Verhaltensketten trainiert, also mehrere Verhalten miteinander verknüpfen möchte, kann man sich für den Vorwärts- oder Rückwärtsaufbau entscheiden oder auch eine Mischung daraus machen.

Die Hinweise zu den Vor- und Nachteilen sind hier bei den Systemen mit aufgeführt, obwohl es sich dabei um die chronologische „Ordnung" der Trainingsschritte handelt und eher eine Methode ist.

	Vorwärtsaufbau	Rückwärtsaufbau
Nachteil	Arbeiten ins „Unbekannte"	Gefahr des Abkürzens, da bekannt, was kommt
Vorteil	Kein Abkürzen, da unbekannt, was kommt	Arbeiten ins „Bekannte"

Einige Trainer, vor allem Premack-Fans (Stichwort: „Verhalten mit besserem Verhalten belohnen" s.o.), vertreten die Meinung, dass jedes Verhalten eine Kette kleinster Muskelaktivitäten ist.

Bei der Erstellung und Aktualisierung des Trainingsplans sollten wir uns unbedingt über unsere gewählten Methoden und Systeme Gedanken machen. Denn wie wir gerade beim Vorwärts-/Rückwärtsaufbau gesehen haben, hat jedes eingesetzte Instrument seine Vor- und Nachteile. Dessen müssen wir uns immer bewusst sein. Dies ist auch wieder ein Argument dafür, die Planung und die Ergebnisse *nach* dem Training miteinander zu vergleichen – damit wir eventuellen Tendenzen zum Beispiel wie die Neigung, beim Rückwärtsaufbau abzukürzen, frühzeitig erkennen und gegensteuern, bevor das Tier „seinen Plan" in die Realität umsetzt und wirklich abkürzt, um schneller an die Belohnung zu kommen.

Unsere Aufgabe besteht darin, jedes einzelne Verhalten so lohnend für das Tier zu machen, dass es nicht das „Nachrechnen" anfängt!

Futterpunkt – Klickpunkt – Lockpunkt

Dies ist meine Definition der Begriffe. Es ist jedem freigestellt, sie für sich anders zu definieren, interpretieren oder einzusetzen. Auch hier ist nur wichtig, sie *überhaupt* zu definieren, zu wissen, dass sie auf das

zu lernende Verhalten *entscheidenden* Einfluss haben (es ist übrigens den Brelands, Marian und Keller, zu verdanken, dass dies genauer untersucht wurde) und daher in der Trainingsplanung berücksichtigt werden sollten.

Futterpunkt [FuP]

Der Punkt (örtlich), an welchem das Futter dem Hund dargeboten wird.

Robert E. Bailey sagt immer: „Füttern (den Verstärker geben) muss ich sowieso, dann kann ich ihn auch dort geben, wo er mir strategisch die meisten Vorteile bringt!“ => „Klick for action, feed for position.“

Beispiele:

- FuP am Ausgangspunkt für den nächsten Durchgang, z. B. Trainingsschritt: Wortsignal >Sitz< einführen => FuP im Stehen => damit ich danach gleich wieder das Signal geben kann.
  Der Fokus des Trainers liegt auf dem Antecedent: **A** : B -> C

- Verhalten des nächsten Trainingsschrittes vorbereiten z. B. Trainingsschritt: Umrunden einer Pylone => FuP in Laufrichtung, um Schrittzahl zu erhöhen => FuP so weit weg, dass Hund einen weiteren Schritt nach dem sekundären Verstärker läuft
  Betonung liegt dabei auf dem „zukünftigen“ Behavior: A : **B** -> C

- „Im Verhalten belohnen“, um Masse für das Verhalten an sich aufzubauen, z. B. Trainingsschritt: Dauer für Liegen auf der Decke aufbauen => FuP auf Decke im Liegen.
  Betonung liegt dabei auf dem „aktuellen“ Behavior: A : **B** -> C

- FuP örtlich weiter weglegen oder länger herauszögern (Response Cost), um „nicht so gutes“ Verhalten durch Wertminderung des Futters kenntlich zu machen, z. B. Target-Training: Wenn der Hund nicht mittig auf den Bodentarget steigt => FuP auf der gegenüberliegenden Seite weiter weg vom Target.

Gearbeitet wird mit der Consequence: A : B -> **C**

Fakten:

- Distanz zum und Dauer bis zur Gabe des Verstärkers beeinflussen seine Wertigkeit (Response Cost).
- FuP häufig an derselben Stelle: macht den Ort und das Verweilen dort immer attraktiver.
- Das kurz vor der Gabe gezeigte Verhalten wird (theoretisch) immer am meisten verstärkt.
- Handwerkliches Geschick, ein „schnelles“ Auge mit sofortiger Verhaltensanpassung müssen vorhanden sein.
- Matching Law, Premack, Verhaltensökonomie, „Timing – Criteria – Rate of Reinforcement“.

„Klick“-Punkt [KlP]

Der Zeitpunkt, an welchem das definierte Kriterium erfüllt wurde und der Klicker resp. das Marker-Signal (sekundärer Verstärker) ertönt.

Beachten:

Was der Hund verknüpft hat, weiß nur der Hund. Permanentes Hinterfragen, z. B. durch ständiges Verändern der Parameter in den darauffolgenden Trainingsschritten, kann Klarheit schaffen. Es gilt: Es wird immer ein Verhalten „geklickt“, nicht der Parameter oder der Effekt!

Lock-Punkt [LoP]

Der Punkt (örtlich), an welchen ich den Hund hinlocke, um Verhalten zu bekommen, das ich verstärken kann.

Locken ist eine Trainingsmethode/Systematik. Zum Locken eignet sich alles, was den Hund in diesem Moment motiviert, das von mir definierte Verhalten resp. das Verhalten dieses Trainingsschrittes zu zeigen.

Es handelt sich um einen Punkt! Nicht um ein permanentes Verhalten wie z. B. Hund mit Futter an der Nase führen.

Beachten:
Locken kann schnell „abhängig" machen. Das heißt, wird es zu spät abgebaut, gehört für den Hund „das Gelocktwerden" zum Signal das Verhalten zu zeigen dazu => „ohne Locken kein Verhalten!" Besonders, wenn man mit Futter lockt, merkt man schnell, dass der Hund die leere Hand anstarrt und wartet, bis diese gefüllt wird, bevor er sein Verhalten zeigt.

Target
Ein Zielgegenstand, an oder auf welchem der Hund ein vorher auftrainiertes Verhalten zeigen soll. Das Target kann berührt oder nicht berührt, auf Dauer berührt oder nur angestupst werden.

OMGF = „Oh-my-God-Food"
Hiermit ist der primäre Verstärker „Futter" gemeint! Warum ich es so nenne? Einfach, um nochmal daran zu erinnern, dass Futter nicht per se ein primärer respektive überhaupt ein Verstärker ist. Wir wissen das, weil wir das 4-Terms-Contingency-„Gesetz" (s. o.) verstanden haben.

„Timing – Kriterium – Belohnungsrate" – die drei Wegweiser zum Erfolg
Sind diese drei Eckpfeiler des praktischen Trainings in Balance, befinden wir uns auf dem schnellsten Weg zum Ziel. Und (fast) alle Fehler sind in einem dieser drei Bereiche zu finden!

Timing bedeutet: Immer nur das belohnen, was in diesem Trainingsschritt das Kriterium ist. Denn wenn ich zu früh oder zu spät dran bin, gebe ich dem Tier falsche Informationen über das in diesem Moment gesuchte Verhalten.

Als Kriterium bezeichnen wir *nur* das Verhalten, welches es in diesem Trainingsschritt gilt, zu verstärken.

Zeigt sich das Verhalten nicht, ist mein Trainingsschritt zu groß gewesen. Habe ich mehrere Kriterien in einem Trainingsschritt, verwirre ich das Tier. Bestätige ich das falsche Kriterium, kommt ein anderes Verhalten heraus als das, was ich wollte.

Die Höhe der Belohnungsrate sagt vor allem etwas über die Qualität des gewählten Trainingsschritts aus. Ist sie zu niedrig, laufen wir Gefahr, dass das Tier kein Interesse mehr an unserem Spiel hat, weil es sich nicht lohnt. Entweder erwarten wir zu viel Verhalten für zu wenig Belohnung oder die konkurrierenden Verstärker/Belohnungen in der Umgebung stehen höher im Wert oder aber das Tier hat noch nicht das Verhalten herausgefunden, welches zur Belohnung führt. Ist die Rate zu hoch, kann es heißen, wir stehen dem Fortschritt im Wege, weil die Frage, die wir in diesem Trainingsschritt an das Tier gestellt haben, schon längst mit „ja" beantwortet wurde.

Die Belohnungsrate liefert nicht nur Informationen für unseren Trainingsplan. Sie kann auch auf Fehler beim Timing oder der Auswahl des Kriteriums hinweisen! Deshalb der Hinweis auf die notwendige Balance zwischen den dreien.

Einige spezielle Abkürzungen, die wir nutzen werden

Es gibt Leute, die Abkürzungen furchtbar finden, aber immer wieder auftretende lange „Fachbegriffe" machen das Lesen so langsam.

Deshalb hier nur einige wenige Abkürzungen, die wir innerhalb des Leitfadens nutzen wollen.

KlP	„Klick"-Punkt
E	Ende
FB	Formblatt
FuP	Futterpunkt
HD	Hund
HF	Hundeführer = Trainer = derjenige, der gerade mit dem Tier trainiert
LoP	Lock-Punkt
MS	Meilenstein
P	Pause
S	Start
TP	Trainingsplan
TroFu	Trockenfutter
TS	Trainingsschritt

Planen – Tun –
Überprüfen – Umsetzen!

Kapitel 4

Die Methode, der strukturelle Aufbau

Das Kernthema dieses Leitfadens.

Wenn der Pflichtteil im Ermitteln und Zusammentragen der notwendigen Bestandteile besteht, so bildet das Zusammenfügen und Umsetzen die Kür, wird ein Kinderspiel und macht auch noch Spaß!

Als Überschrift für unser Kapitel-Herzstück habe ich den Begriff „Methode“ gewählt. Bei „Herrn Google“ steht dazu als Begriffserklärung: Methode = regelhaftes Verfahren zur Erlangung von (wissenschaftlichen) Erkenntnissen oder Art der Durchführung; Weg, wie man zu einem angestrebten Ziel gelangt.

Dort steht nicht: „Musste nur abschreiben und nix mehr denken, weil ist alles vorgegeben!“

Den Gehirnschmalz muss jeder Trainer weiterhin bemühen und er wird weiterhin auf sein handwerkliches Geschick, seine gute Beobachtungsgabe und seine erlernten Erkenntnisse zugreifen müssen und, um immer besser zu werden, weiterhin dafür arbeiten müssen.

Aber zumindest um die Methode resp. den strukturellen Aufbau muss er sich nach dem Inhalieren dieser Anleitung keine Gedanken mehr machen.

Fünf Schritte („Nada más!“)

Mehr nicht! Robert E. Bailey sagt immer, wenn man nicht in einem Satz erklären kann, welches Kriterium man gerade trainiert, hat man die Denk- resp. Plan-Phase noch nicht abgeschlossen.

Sein Trainings-Credo für den zeitlichen Ablauf heißt: „Think, plan, do!“ Und diese Phasen sind sehr streng voneinander getrennt! Während der „Do-Phase“ wird weder geplant noch gedacht! Wenn mich etwas „Denkens-Wertes“ beim Training anspringt, wird das Training sofort unterbrochen, das Tier in die Pause geschickt, der Plan entsprechend angepasst und erst danach wieder mit Tier trainiert.

Wir müssen immer daran denken, „man kann nicht nicht-kommunizieren“ (Schulz-von-Thun). Das gilt nicht nur für Mensch-Mensch-Begegnungen, sondern auch und vor allem, wenn wir mit Tieren arbeiten.

Das Tier versteht nicht, dass die Diskussion über den nächsten Trainingsschritt, die wir mit Kollegen führen, nicht Teil des Rätsels ist, herauszufinden, was Mensch denn nun gerade von ihnen will!

Jeder Durchgang hat einen Anfang, eine Mitte und ein Ende!

Dies bedeutet, wenn ich das Training abbreche, weil ich über die Verhaltensantwort des Tieres auf meinen Trainingsschritt nachdenken muss, weil sie nicht so ausgefallen ist, wie ich es geplant hatte ... dann ist der Versuch an dieser Stelle zu Ende, das wird dem Tier über ein zum Beispiel auftrainiertes Pause-Signal klar verständlich gemacht.

Aus der Praxis

Ich habe bei 90% meiner Trainingseinheiten eine kleine Pausen-Decke („Butt-Target") dabei. Je nach zu trainierendem Verhalten nutze ich sie auch als Start-Decke. Wenn ich das Setting aufbaue, lasse ich oftmals den Hund zuschauen, um ihn ein wenig neugierig zu machen („Motivating Operation" => Antecedent!), dabei lege ich als erstes diese Decke hin. Die Hunde, mit denen ich regelmäßig trainiere, nehmen dies als Signal, sich auf die Decke zu legen und gespannt zu warten, welches Spiel ich mir für heute ausgedacht habe ...

Also: auch für Unterbrechungen kann ich mir ein Standard-Procedere ausdenken, welches dem Tier hilft, mich besser zu verstehen.

Je komplexer die Abläufe des Trainings organisiert sind, desto größer die Wahrscheinlichkeit, sich zu verzetteln oder sich bei einigen Fragmenten zu verkünsteln.

Deshalb lieber alles in kleine, leicht überschaubare Schrittchen einteilen, die es meinem Hirn erlauben, mich zu 100% auf die Antworten des Tieres zu konzentrieren ... zumindest am Anfang. Je besser man wird, desto mehr Prozesse oder vielleicht sogar Tiere können parallel ablaufen/trainiert werden.

(Vor)bildliche Übersicht

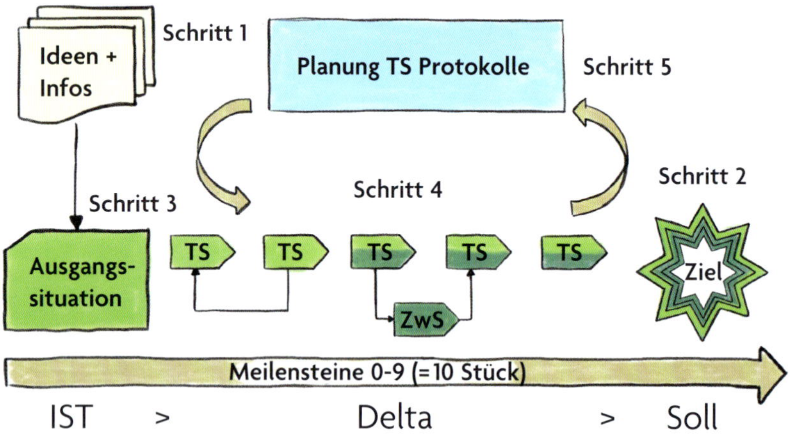

Legende: TS = Trainings-Schritt, ZwS = Zwischen-Schritt

Schritt 1: Info, Vorbereitung, notwendige Daten, Grundlagenermittlung

Die meisten Trainer fangen erstmal an zu trainieren, bevor sie sich Gedanken machen, was sie wollen und wen sie vor sich haben.

Wir nicht, wir fangen mit der „Mind Map"-Phase an, weil wir hier alles mal runterschreiben, was uns gerade so in den Sinn kommt, „ohne Punkt und Komma" (nur mit Datum sortiert, damit wir nachher noch wissen, welche Erkenntnisse die aktuellsten sind).

Strukturiert wird, wenn überhaupt, erst nachträglich. Oftmals lasse ich die Blätter so wie sie sind und übernehme später, während der Zielplanungsphase, nur die Teile, die ich zur Zieldefinition benötige.

In der „Mind Map"-Phase sollen sich gute Ideen entfalten können und nicht durch die Vorgabe einer Form, und sei es nur der Rahmen um ein Stück Papier, eingegrenzt werden.

Heutzutage gibt es grandiose Apps auf dem Markt, die dafür sorgen, dass die „Musen-Küss-Phasen“ überall und jederzeit ausgelebt und dokumentiert werden können. Es reichen aber auch ein einfaches weißes Blatt Papier, ein White-Board und ein Stift.

Schritt 2: Ziel-Definition (Soll)

Es gibt immer wieder Trainer, die mit einer vagen Vorstellung von dem, was der Hund am Ende können soll, einfach mal drauflostrainieren. Oder aber es wurde schon so oft mit verschiedenen Hunden trainiert, dass sie glauben, sich keine Gedanken mehr machen zu müssen.

Nachdem *wir* uns im ersten Schritt so richtig phantasievoll ausgetobt haben, wird es jetzt ernst, jetzt kommt „Butter bei die Fische“.

Viele Trainer und Anfänger sagen mir häufig: „Mir kommen die Ideen, fürs Training erst, wenn ich mit dem Hund trainiere, ich trainiere halt mit Gefühl, aus dem Bauch heraus.“

Fehlende Ideen sind weniger das Resultat der Phantasielosigkeit der Trainer, sondern liegen in der fehlenden Ausformulierung eines konkreten Ziels. Denn hätten sie sich systematisch mit dem Ziel beschäftigt, wären ihnen auch viele Ideen für die Umsetzung gekommen.

Der „Gag“ ist, je klarer ich das Ziel beschreibe, desto klarer wird auch der Weg dorthin!

Einfach mal ausprobieren, ich bin immer wieder aufs Neue überrascht, wie schnell mir die ersten Trainingsschritte einfallen, wenn ich erst mal festgelegt habe, was *genau* ich vom Tier möchte.

Schritt 3: Ausgangssituation (Ist) und Evaluation

Damit wir die notwendigen Trainings-Schritte bestimmen können, müssen wir nach der Zielfestlegung mal schauen, wo wir denn im Moment stehen. Wie ist die Ausgangssituation bezüglich der Fähigkeiten des Hundes *und* des Trainers?

Am objektivsten macht man dies durch eine Evaluation. Je nach Verhalten können auf beiden „Seiten" unterschiedlichste Fähigkeiten vorhanden respektive notwendig sein.

Fehlende, dringend benötigte Fähigkeiten müssen erlernt werden. Sofern sich rausstellt, dass diese nicht trainierbar sind, muss das Ziel angepasst werden, und nur dann. Also nicht während des Trainings das Ziel ändern, weil das Tier was anderes zeigt, als ich geplant hatte – das ist Schummeln!

Auch sollte man während des laufenden Trainings zwischendurch immer mal wieder eine „dokumentierte" Evaluation durchführen.

Robert E. Bailey pflegt zu sagen: „Stehe dem Verhalten nicht im Weg!" Wir neigen dazu, wenn wir uns schon mal die Mühe gemacht haben, einen Plan zu schreiben, uns peinlichst genau dran zu halten und übersehen dann vor lauter „Hurra", dass das Tier eventuell schon drei Trainingsschritte weiter wäre ... ist aber bitte nicht als Entschuldigung zu verstehen, Trainingsschritte ungeplant fallen zu lassen.

Also einfach zwischendurch mal eine Evaluierungs-Session einschieben und feststellen, wie weit wir im Plan „gekonnt" schon sind ...

Schritt 4: Differenz (Delta)

Im vierten Schritt geht es um die konkrete Erstellung des Trainingsplans!

Das, was wir bisher alles ermittelt, festgelegt und beschrieben haben, war notwendig, um einen effektiven Plan zu erstellen. Damit wir überhaupt wissen, WAS wir trainieren wollen.

Das Delta, die Differenz, der (Trainings-)Plan, der Weg vom Startpunkt zum Zielpunkt, ist das WIE.

Wir werden die komplette Strecke erst grob, in Meilensteine, und danach erst in die eigentlichen Trainingsschritte unterteilen, damit wir die Übersicht behalten!

Es gibt immer zwei Möglichkeiten, sich auf ein Ziel zuzubewegen. Entweder im Vorwärts-Aufbau, das heißt ich fange mit dem ersten möglichen Schritt an, der zweite ergibt sich aus den Erkenntnissen, die ich während des ersten Schrittes erlangt habe, der dritte aus dem zweiten etc. ... irgendwann einmal ist dann das Verhalten „fertig".

Oder aber ich gehe vom Endziel aus, unterteile mir die komplette Strecke in grobe Zwischenziele, die auf jeden Fall stattfinden werden. Diese werden dann in trainierbare, detaillierte Trainingsschritte, die permanent evaluiert werden, weiter unterteilt.

Wir werden mit der zweiten Variante arbeiten, sie erlaubt eine fortwährende Statusfeststellung und Überprüfung, ob wir noch auf Kurs sind. Trotzdem bietet sie den höchsten Grad an Flexibilität und Kreativität, ohne dass wir Gefahr laufen, ins Chaos abzurutschen oder uns zu verzetteln.

Egal, welche Erkenntnisse uns das aktuelle Training liefert, wir können jederzeit sagen, wo wir uns befinden und wie viele Meilensteine noch zur Erreichung des Ziels notwendig sind.

Dies ist die Standard-Vorgehensweise im Projektmanagement.

Wir können jederzeit notwendige Zwischenschritte einfügen oder sogar Trainingsschritte überspringen, wenn es uns das Tier anbietet, ohne die Struktur zu verlassen.

Eine sehr motivierende Arbeitsweise, da das Erreichen der Zwischenziele für den Trainer eine unglaublich selbstbelohnende Wirkung hat.

a. Meilensteine – Standard Zwischenziele, ihrer Zahl: 10

Die Meilensteine sind immer dieselben.
Bisher habe ich noch kein Verhalten gesehen, das sich nicht in diese zehn Meilensteine unterteilen ließe. Es gibt Diskussionen über die Reihenfolge verschiedener Steine, aber die sollte man erst beginnen, wenn genug eigene Erfahrung und eigene Daten vorliegen, um überhaupt eine Änderung objektiv mit Daten unterfüttern zu können.

0. Evaluation

Die Evaluation bekommt die Ordnungszahl „0", alldieweil die Evaluation praktisch durchgehend stattfindet. Jeder einzelne Durchgang ist die Evaluation des vorherigen. Mit jedem einzelnen Durchgang möchte ich die Frage, die ich dem Tier stelle, „evaluieren". Zum Beispiel: „Kannst du dich nach dem Wortsignal „Sitz" innerhalb von drei Sekunden auf den Boden setzen?"

1. Verhalten herstellen

Zuerst müssen wir das Verhalten als solches herstellen.
Alles, was um das Verhalten noch drumherum kommt, nenne ich Parameter. Denn egal, ob der Hund sich „nur" im Haus und ohne große Ablenkung setzen soll oder dieses Verhalten unter größter Ablenkung im Trubel einer Großstadt oder im Wald, während Rehe und Hasen um ihn herumspringen, zeigen soll: Das Kriterium, welches wir „klicken" resp. verstärken werden, ist „sich hinsetzen"!
Damit uns das Matching Law nicht erwischt, sollten wir, um nicht nur effektiv, sondern auch effizient zu trainieren, das Verhalten so schnell wie möglich herstellen.
Also viele, schnelle Wiederholungen des Zielverhaltens mit möglichst wenigen zusätzlichen Verhalten, die natürlich immer alle mitbelohnt werden.

2. (Arbeits-)Signal einführen

Das Arbeitssignal: Wer einen „Feldwebel" als Hund hat, sowas wie einen Deutschen Pinscher oder so, wird ein Arbeitssignal brauchen, damit der Hund sich in Bewegung setzt. Gerade, wenn man schon viel

mit Signalkontrolle gearbeitet hat, erwarten dann solche Hunde, auch hier ein Signal zu bekommen, bevor sie loslegen.
Ob es für jedes Verhalten ein neues sein muss oder ein Standard „Auf geht's" sein kann, darf jeder mit seinem Hund gemeinsam entscheiden ... Wie sagt der Kölner in solcher Situation so trefflich: „Jeder Jeck is anders!"
Das **endgültige Signal** jetzt schon zu nehmen, würde bedeuten, noch nicht fertiges Verhalten ebenfalls mit dem Signal zu verknüpfen ... wir erinnern uns: Matching Law!
Das fertige Signal wird nach fertigem Verhalten eingeführt. Der Zeitpunkt ist abhängig von der Wichtigkeit des Verhaltens selbst und dem verfolgten Ziel.
„Bessere" Zeitpunkte zur Einführung des endgültigen Signals wären also hinter Meilenstein 3 „Genauigkeit" oder Meilenstein 6 „Distanzen".

3. Genauigkeit und 4. Verhalten verdichten
   In diesem Meilenstein wird das Verhalten komprimiert, stark gemacht. Hier wird *Masse* aufgebaut und *verdichtet*.
   Die Genauigkeit bezieht sich auf das Verhalten selbst. Beim Platz zum Beispiel soll der Hund laut Zieldefinition in der Sphinx-Position liegen und nicht nur auf einer Pobacke.

5. Dauer
   Unter diesem Punkt werden die zeitrelevanten Bestandteile des Ziels ermittelt und hinterlegt.
   Ich übertrainiere „alle" Meilensteine gerne. Im Sport sagt man (auch, wenn das mathematisch nicht korrekt ausgedrückt ist), im Training 120% trainieren, damit im Wettkampf mit „Leichtigkeit" 100% gegeben werden können.
   In unseren Meilensteinen wird die Dauer (by default) vor der Distanz trainiert. Distanzen (z. B. Abstand zum HF) lassen sich schwerer kontrollieren als die Dauer.
   Aber man könnte diese Punkte auch tauschen, das hängt wieder vom Verhalten und evtl. Schwerpunkten bei der späteren Arbeit mit diesem Verhalten ab und bei welchem Bestandteil mehr Energie verbraucht wird.

6. Distanzen

Wird nach der Dauer trainiert und kann sich auf unterschiedliche Verhältnisse beziehen.

- Distanz zwischen Trainer und Tier
- Distanz zwischen Wortsignal und Ort des Zeigens des Verhaltens
- Distanz zwischen Trainer, Tier und Ort des Zeigens des Verhaltens
- etc.

7. Ablenkung

Der Unterschied zum Meilenstein 4 „Verhalten verdichten" besteht darin, dass hier die „echten" Ablenkungen, mit denen wir in der Realität zu rechnen haben, trainiert werden. Das Verhalten steht kurz davor, in „freier Wildbahn" resp. im vorgesehenen Arbeitskontext gezeigt zu werden.

Trainiere ich z. B. gerade das Sitzenbleiben an der Bordsteinkante während der roten Ampelphase, bedeutet dies in meinem Trainingsplan bei diesem Meilenstein, dass hupende Autos vorbeifahren können, eilige Mitmenschen über die Straße hetzen, schreiende Kinder auf Fahrrädern oder Skateboard vorbeirauschen und so weiter.

Die Ablenkungen werden grob in der Zielbeschreibung aufgeführt. An dieser chronologischen Stelle werden sie trainiert und je nach Ergebnis und zwischenzeitlichen Erkenntnissen in Qualität und Anzahl ergänzt.

Viele Trainer bezeichnen Distanz, Dauer und die Verdichtungseinheiten als Ablenkungstraining. Wir machen eine bewusste Trennung zwischen diesen Parametern, einfach, damit wir die unterschiedlichen Anforderungen besser organisieren, planen und systematischer abarbeiten können.

8. Generalisieren

Auch das Generalisieren findet man bei einigen Trainern häufig schon früher im Trainingsplan. Eigentlich ist jede Veränderung eines Parameters eine Generalisierung, aber wie bereits im vorherigen Meilenstein erwähnt, mache ich diese „strenge" Aufteilung, um das systematische Training zu verdeutlichen.

Während der Generalisierungsphase werden bei mir vor allem Örtlichkeiten trainiert.
Außerdem ist dies die Übergangsphase in die „freie Wildbahn". Das Setting sollte zwar immer noch weitestgehend kontrolliert sein, aber wir müssen auch bei unvorhersehbaren Ereignissen wissen, wie unser Tier und vor allem wie wir als Trainer damit umgehen, sodass das Verhalten immer noch zuverlässig gezeigt wird.

9. Verhalten erhalten
„Verhalten, das nicht mehr verstärkt wird, unterliegt dem Löschungsprozess."
Das Gesetz kennen wir alle, sollten wir alle berücksichtigen und uns Gedanken für einen „Wartungsplan" machen.
Durch in regelmäßigen Abständen stattfindendes geplantes Training wird das Verhalten erhalten.
Die Details zu den Meilensteinen können für unterschiedliche Verhalten unterschiedlich aussehen!

b. Trainingsschritte

Nachdem wir den Weg zum Ziel grob strukturiert haben, wird es nun Zeit, die einzelnen Trainingsschritte auszuformulieren.

Es wird ein Kinderspiel, wenn wir unsere Hausaufgaben bis hierher gescheit gemacht haben. Denn die ersten Ideen für mögliche Trainingsschritte bekommen wir, sobald wir anfangen, unsere Ideen niederzuschreiben. Mit jedem weiteren Schritt: Zielplanung, Feststellung der Ausgangsposition und Ausformulierung der Meilensteine werden die notwendigen Trainingsschritte immer „lauter". Sie ergeben sich quasi von selbst.

Wenn man die Struktur an verschiedenen Verhalten mal ausprobiert hat, wird man feststellen, dass man die Trainingsschritte schon parallel mitschreiben kann.

Nach Erstellung der Meilensteine müssen sie dann eigentlich nur noch in die richtige Reihenfolge gebracht resp. fehlende Trainingsschritte ergänzt werden.

Das Soll-Ist-Delta-Prinzip aus dem Projektmanagement:
Soll: wo soll's hingehen, was ist mein Ziel

Ist: wo soll's losgehen, was ist die Ausgangssituation

Delta: was fehlt zwischen Ist und Soll, die Differenz

Schritt 5: Umsetzung und Wirksamkeitsprüfung

Hier beginnt die praktische Umsetzung des vorher geplanten ... das Training.

Warum dieser Schritt dringend zur Erstellung des Trainingsplanes zählen muss, ist vielleicht nicht gleich auf den ersten Blick ersichtlich.

Wenn wir uns aber nach dem ersten, zweiten oder dritten Schritt, der nicht so funktioniert wie wir das vorher geplant hatten, fragen, warum wir überhaupt einen Plan erstellt haben, wird klar, dass wir mit einem lebenden Organismus trainieren und eben kein „totes" Haus bauen!

Ab dem Zeitpunkt, wo wir uns in die Praxis begeben, werden wir unseren Plan permanent anpassen müssen. Zu viele (unbekannte) Variablen haben Einfluss auf den Erfolg des geplanten Trainingsschrittes und somit auf den weiteren Verlauf.

Sowohl die beim Trainer als auch beim Tier vorhandenen aktuellen Emotionen, momentanen Befindlichkeiten, Wohl- oder Unwohlsein haben großen Einfluss auf die Qualität der praktischen Arbeit.

Deshalb sind Umsetzung und Planung im Kreislauf „Think – Plan – Do" untrennbar miteinander verwoben. Erst die Reaktion auf einen Trainingsschritt liefert mir die Information, welcher Trainingsschritt als nächster sinnvoll resp. perfekt wäre.

Auch eine umfassende Evaluation vor der Planschreibung wird uns nicht davor bewahren, einen Stift beim Training parat liegen zu haben, um die notwendigen Änderungen zu notieren.

Meiner Erfahrung nach ist dies der Hauptgrund, warum so viele Tiertrainer so ungern Pläne schreiben. Kaum beginnt das Training, ist der Plan schon hinfällig. Entweder sind die Schritte zu klein, zu groß oder der Einstieg an sich passt überhaupt nicht. Und dann ist die Frage natürlich berechtigt, warum überhaupt einen Plan schreiben ...?

Dabei liegt das Problem weniger in dem Erstellen an und für sich, sondern in der Qualität, das heißt in der Tiefe des Plans. Zu früh wird zu „eng“ geplant, man trifft zu früh Festlegungen über einen Verlauf, der im Aufbau von der gezeigten Reaktion des Tieres abhängt!

Deshalb ist die Meilenstein-Methode so elegant. Sie verschafft uns die Möglichkeit, unsere Energie und Planung auf einen Meilenstein zu konzentrieren, um schnellere, messbare Erfolge durch Erreichen der Meilensteine/ Zwischenziele einzufahren.

Aus unzähligen dokumentierten, praktischen Trainingseinheiten, in denen es nur darum ging, die Dokumentation so einfach, leicht und angenehm zu gestalten wie möglich, damit sie effektiv *und* effizient verläuft, hat sich die vorliegende „Standard-Dokumentation“ herausgeschält.

Einen riesigen Dank an dieser Stelle an alle Trainer und ganz besonders an meine Mentoren Robert E. Bailey, Viviane Theby, Michaela Hares, Simon Prins, Katja Frey, Stefan Pommerenke, die geduldig das permanente Hinterfragen und Ausdiskutieren der Strukturen die letzten Jahre so geduldig (meistens!) ertragen haben!

Praktisches Beispiel

Nehmen wir mal an, ich möchte, dass mein Hund ein spezielles Target mit der Nase berührt, wenn ich das Wortsignal >Touch< gebe.

Meilenstein 0: Evaluieren!

Wir stellen also erstmal fest, welche Verhalten der Hund freiwillig zeigt, wenn ich ihm ein Target direkt vor die Nase halte:

- beißt er rein
- geht er rückwärts

- schaut er in die andere Richtung
- ist er neugierig und schnuppert, leckt daran
- berührt er es mit der Nase
- schaut er mich an
- meidet er den Gegenstand
- etc.

Je nachdem, was mir der Hund anbietet, arbeite ich damit im ersten Meilenstein (Verhalten herstellen) meine ersten Trainingsschritte aus.

Bitte daran denken, dass Evaluation *kein* Training ist. Sobald ich mir sicher bin, den Ansatz für den ersten Trainingsschritt zu erkennen, höre ich auf und erstelle mir meine ersten Trainingsschritte im ersten Meilenstein.

Hier wird deutlich, dass es sich auszahlt, Stift und Papier auf die Utensilien-Checkliste für die Trainingsvorbereitung mit drauf zu schreiben.

- Idealfall: der Hund berührt das Target mit der Nase

Meilenstein 1 = Trainingsschritt 1 = Target mit der Nase berühren

Das Setting wird für das Training so aufgebaut, dass die Wahrscheinlichkeit sehr hoch ist, dass der Hund während des Trainings das Target mit der Nase berührt. Wenn ich also den Hund vor mir positioniere, das Target hinter dem Rücken halte und es dann „plötzlich“ im Blickfeld des Hundes, im Abstand von ca. 10 cm, auf Höhe seiner Nase erscheinen lasse, ist die Wahrscheinlichkeit recht hoch, dass er es mit der Nase berührt!

Tut er dies => „klick“ + Futter

Tut er dies nicht => kein Futter + Target hinter den Rücken

Dies mache ich solange, bis ich sicher bin, dass das Target für den Hund „eine Bedeutung bekommen hat“. Dann geht's zum nächsten Meilenstein ...

- „Worst case“: Hund beißt ins Target
  Trainingsschritt 1 = Anschauen des Targets belohnen
  Trainingsschritt 2 = Annäherung an Target mit geschlossener Schnauze belohnen
  Trainingsschritt 3 = Berühren des Targets geschlossener Schnauze belohnen
  Trainingsschritt 4 = Berühren des Targets mit der Nase belohnen
  Das Setting ist das gleiche wie oben im „Idealfall“, allerdings sollte der Abstand zwischen Target und Nase so groß sein, dass er es nicht aus Versehen doch mit dem Maul erwischt.
  Ich glaube, ich hatte es schon irgendwo erwähnt: „Training ist ein Handwerk!“

Wie wir sehen, sind wir im „Idealfall“ schon mit einem einzigen Trainingsschritt beim nächsten Meilenstein, im „Worst Case“ brauchen wir halt mehrere. Wir könnten auch den beschriebenen Trainingsschritt 4 unter den Meilenstein 3 = „Genauigkeit“ schieben ... das darf jeder nach eigenem Gutdünken entscheiden.

Die Ergebnisse, ebenfalls anhand eines Beispiels:

Auch wenn wir bisher die Dokumentation nicht in jedem Schritt explizit besprochen haben, bedeutet es nicht, dass das hier Gesagte nicht auch auf die oberen vier Schritte zutrifft.

Nachdem die Dokumentation nur unterstützenden Charakter haben soll, ist dies insoweit in Ordnung, sie erst jetzt zu erwähnen, wird aber zum Problem, wenn wir nicht erkennen, dass es ohne Aufschreiben wohl nicht geht, sich alles Geplante zu merken.

Auch hier liegt das Problem weniger in dem Akt des Dokumentierens als in der „ungeplanten und unstrukturierten“ Art.

Gute Dokumentation im obigen Target-Beispiel würde bedeuten, dass sie einerseits vergleichbare Daten liefern muss, damit wir erkennen, wann der nächste Trainingsschritt ansteht, andererseits brauchen wir die Möglichkeit, wichtige Erkenntnisse zu notieren, die für den Erfolg des weiteren Trainings eine entscheidende Rolle spielen.

Nachdem wir uns noch ein ganzes Kapitel mit Dokumentation beschäftigen werden, möchte ich an dieser Stelle nur erreichen, dass wir die enorme Wichtigkeit erkennen.

> Gutes Training kann nur stattfinden, wenn wir die richtigen Informationen zum richtigen Zeitpunkt zur Verfügung haben und die richtigen Rückschlüsse aus dem beobachteten Verhalten ziehen, egal, wie geschickt wir uns im Training verhalten.

Deshalb wird sich auf lange Sicht der weniger talentierte, aber gut strukturierte Trainer gegenüber dem geschickten, aber weniger strukturierten Trainer durchsetzen. Einfach, weil der strukturierte Trainer effektiver *und* effizienter trainiert, denn ohne Dokumentation kann man vielleicht effizient trainieren, aber eben am Falschen (s. o. Erklärung Unterschied: effektiv und effizient) …

Kapitel 5

Dokumentation und andere Hilfsmittel

So viel wie nötig, so wenig wie möglich!

Ein guter Plan steht und fällt mit der richtigen Dokumentation.

Deshalb habe ich der Dokumentation einen etwas längeren Part gegönnt, alldieweil sie bei der Erstellung und Aktualisierung der Trainingspläne eine so entscheidende Rolle spielt. Hier werden wohl auch die größten Motivations-Fehler gemacht, die einem das strukturierte Training verleiden.

Die Fehler reichen von überladener (dadurch ressourcenfressender) Dokumentation, nicht aussagekräftiger Dokumentation (weil die falschen Dinge dokumentiert werden) über nicht wieder auffindbare Dokumentation oder unstrukturierter Dokumentation bis hin zu gar keiner Dokumentation.

Fertige Trainings-Pläne für konkrete Verhalten aus „prominenten" Bereichen wie Agility-, Dummy- oder Nasenarbeit etc. gibt es reichlich, teilweise sogar kostenlos im Internet. Aber entweder sind sie zu speziell und lassen einen an den eigenen Fähigkeiten zweifeln, wenn schon der erste Trainingsschritt nicht wie im Plan vorgegeben funktioniert, oder sie sind so allgemein, dass sie keine Hilfe bei der konkreten Umsetzung bieten.

Nachdem ich mich „von „Berufs wegen" seit vierzig Jahren (wenn ich meine Zeit in der Basketball-National-Mannschaft dazuzähle, wo wir penibel genau unser tägliches Training dokumentieren mussten) mit Dokumentation beschäftige und ich wahrscheinlich von jeher schon intrinsisch motiviert war, *die* perfekte Dokumentation zu finden, konnte ich bisher im Bereich des Tiertrainings noch keine auch nur annähernd komplette Trainingsdokumentation finden.

Selbst die noch lebenden „Riesen" (bzgl. Tiertrainings), auf deren Schultern ich stehe, waren nicht in der Lage, mir entsprechende Nachweise vorzuliegen, die mich hätten zufrieden stellen können.

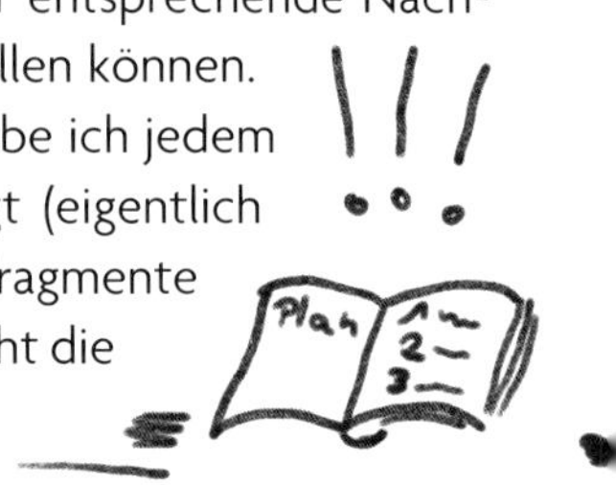

Gerade zu Beginn meiner Trainerausbildung habe ich jedem erfahrenen Trainer Löcher in den Bauch gefragt (eigentlich tue ich dies auch heute noch), aber mehr als Fragmente konnte ich bisher nicht finden, niemand, auch nicht die Profis, konnte mir ein funktionierendes, umgesetztes Gesamtkonzept zeigen und das hat nichts damit zu tun, dass die Abläufe zu „geheim" sind, als dass man sie nicht herzeigen könnte.

Wie sieht denn nun „gescheite" Dokumentation eigentlich aus?

Sie sollte mich auf jeden Fall durch die Grundstruktur und den chronologischen Ablauf des Trainings „führen".

Sie muss bei der Planung und während des Trainierens leicht von der Hand gehen und unmittelbar erfolgen können.

Sie sollte Spaß machen! Sie sollte eine Schablone liefern, die auf jedes noch so einfache wie komplexe Verhalten anzuwenden ist.

Selbst, wenn man nicht mit vorgefertigten Formblättern arbeiten will, sollten zumindest Checklisten für jeden Prozessschritt vorhanden sein. Mit Prozessschritt meine ich in unserem konkreten Trainingsprojekt die unter Kapitel 4 vorgestellten fünf Schritte.

Deshalb können wir bei der Festlegung der Inhalte, des Layouts und der Handhabung der Dokumentation gleichwohl das „Soll-Ist-Delta-Prinzip" beherzigen!

Vereinfacht: „Was will ich, wo bin ich und was bin ich bereit dafür zu tun?"

Das Prinzip: „So viel wie nötig und so wenig wie möglich!" sollte uns dabei leiten.

Inhalte der Dokumentation

Entsprechend der Schritte, wie unter Kapitel 4 beschrieben, ergeben sich fünf Formblätter:

Schritt	Name	Inhalte
1	Soll Ziel	**Angaben zum Soll:** 1. Was genau soll das Tier machen? 2. Aus welcher Ausgangsposition? 3. In welcher Position zum Trainer/ Hundeführer? 4. Mit welcher Körpersprache? 5. In welcher Ablenkung? 6. In welcher Umgebung? 7. Wie lange? 8. Auf welche Distanz? 9. Auf welches Signal? 10. Wie schnell nach dem Signal (Latenz)?
2	Ist Ausgangs- Situation	**Angaben zum Ist:** 0. Evaluation! 1. Was kann das Tier? 2. Was kann der Trainer? 3. Welche Ausstattung wird benötigt, ist vorhanden, fehlt? 4. Welche Einschränkungen, Möglichkeiten bietet der Ort? 5. Welche Verstärker werden eingesetzt, welche (konkurrierenden) sind vorhanden? *Informationen zum Verhalten:* 1. Was ist über das Verhalten allgemein resp. mir bekannt? 2. Was muss/sollte bei dem Verhalten beachtet, berücksichtigt werden? 3. Welche Informationen sind vorhanden, werden noch benötigt? 4. Welche Gesetze, Regeln gibt es?

<table>
<tr><th>Schritt</th><th>Name</th><th>Inhalte</th></tr>
<tr><td>3</td><td>Delta:
Grob
Meilen-
steine</td><td>Standard-Meilensteine:
0. Evaluation
1. Verhalten herstellen
2. (Arbeits-)Signal einführen
3. Genauigkeit
*
4. Verhalten verdichten
5. Dauer
6. Abstand/ Distanz
*
7. Ablenkung „freie Wildbahn“
8. Generalisieren
9. Verhalten erhalten („Wartungsplan“)
* Einführen des endgütigen Signals, falls mit Arbeitssignal unter Meilenstein 2 gearbeitet wurde.</td></tr>
<tr><td>4</td><td>Delta:
Detail
Trainings-
schritt</td><td>Angaben zum Trainingsschritt:
1. Was ist der Ausgangspunkt?
2. Wann gehe ich zum nächsten Trainingsschritt?
3. Was genau will ich verstärken/ belohnen?
4. Wo ist der Futterpunkt?
5. Wo gebe ich Hilfen, wie will ich sie auf-/abbauen?
6. Wie sind die Start-Mitte-Ende-(Übergangs-)Positionen?
7. Wie sind die Start-, Ende-, Pause-Signale?
8. Wie stehe ich (Gegenstände) zum Tier?
Sofern mit Gegenständen trainiert wird, müssen die unterschiedlichen Relationen zwischen Gegenstand, Hund, Trainer berücksichtigt werden! Wer, wie zu was ausgerichtet ist.
9. Welche primären/ sekundären Verstärker setze ich ein?</td></tr>
</table>

Schritt	Name	Inhalte
5	Protokoll: Ergebnis + Bewertung	**Entscheidungsgrundlage, z. B. bei 5er Päckchen Erfolgsrate:** *(10er Päckchen entsprechend hochrechnen)* 4-5 richtig = weiter, nächster Trainingsschritt 3-4 richtig = falsche Verhalten nicht verstärken und löschen 1-2 richtig = falsche Verhalten nicht verstärken; differenziert verstärken; Response Cost 0-1 richtig = Zwischenschritt einbauen; einfacher machen Entscheidungsgrundlage bei Minutentraining, Erfolgsrate: >80% = weiter = nächster Trainingsschritt 40-80% = falsche Verhalten nicht verstärken; Löschen 20-40% = falsche Verhalten nicht verstärken; differenziert verstärken; Response Cost 0%-20% = Zwischenschritt einbauen; einfacher machen *Regeln festlegen, z. B:* Maximale Fehleranzahl in Folge festsetzen z. B. nach drei falschen hintereinander Training unterbrechen, Zwischenschritte einbauen und nach Möglichkeit Trainingsort verändern. Ist sehr vom Charakter des Tieres abhängig. Es gibt Tiere, die schon nach 2x sagen: „Ich mach mal gar nix mehr." oder die 5-10x versuchen würden, bevor sie sagen: „Ne, jetzt weiß ich wirklich nicht ..." *PENG/ Trainings-Waage beobachten und bewerten:* Promptheit Erfolgsrate Nötige Genauigkeit Geschwindigkeit *Lösungsansätze bei niedriger Erfolgsrate:* 1. Verhaltensökonomie überprüfen 2. Zusätzliche Managementmaßnahmen einsetzen 3. Futterpunkt(e) überprüfen 4. Verstärken des Alternativverhaltens 5. Differenziert verstärken 6. Response Cost einsetzen 7. Löschen nutzen

Ach, noch ein Wort bzgl. EDV oder Papier! Diese Entscheidung überlasse ich den jeweiligen „Dokumenteuren".

Ich selbst tippe meine Aufzeichnungen vom Training nicht direkt in die EDV. Selbst wenn man mir für jedes Training eigens einen Protokollanten zur Verfügung stellen würde, würde ich dort den „Papierweg" wählen.

Über das Papier wird so viel mehr übertragen als nur das nackte Ergebnis, zumindest für mich werden Informationen auf Papier plastischer, dreidimensionaler, lebendiger. Außerdem kann man kleine Skizzen und Notizen am Rand ergänzen, die nicht so schnell digitalisierbar sind.

Aber vielleicht spricht hier auch nur mein Architektenherz ...

Die EDV kommt dann zum Einsatz, wenn viele Daten übersichtlich organisiert oder sogar ausgewertet werden sollen.

Außerdem können mit ihr perfekte Vorlagen erstellt werden, die sich im Laufe der Jahre an den persönlichen Stil anpassen lassen. Wenn man jetzt noch die Änderungen über Revisionsstände archiviert, kann man die Entstehung immer wieder mal überprüfen. Es gibt Situationen, wo vielleicht bereits überholte Lösungen wieder interessant werden ...

Hilfsmittel

Hier noch eine kleine Liste für sinnvolle Hilfsmittel, die man immer parat halten sollte und deren Verfügbarkeit *vor* dem Training überprüft werden sollte:

- „Zählmaschinen"
  - **Handzähler:** wie sie bei der Inventur oder zum Zählen von Personen genutzt werden, macht nur Sinn bei großen Mengen
  - **Tagulatoren:** aus Perlen, kann man prima selbst herstellen, zum Zählen von 10-20er Einheiten etc.
  - **Becher:** in welchen die nicht verfütterten Futterstücke geworfen werden, macht das Zählen der richtigen und falschen Durchgänge sehr einfach. Sofern man vorher eine bestimmte Anzahl Futter abgezählt hat und auch wirklich nur eins pro Versuch verfüttert!
  - **Becher mit Perlen:** man kann rote und grüne Becher aufstellen. Nach dem Belohnen wird eine Perle in den roten für „falsch" und

grünen Becher für „richtig" geworfen. Das Auszählen ist dann ein Kinderspiel. Allerdings verlangt das schon sehr konzentriertes Handling, ansonsten besteht die Gefahr, dass auch mal eine Perle „in das Tier" anstatt in den Becher geworfen wird!

- Vorlagen, Checklisten, Trainingspläne, Stift

- Klemmbrett: nix ist nerviger, als Löcher in den Plan zu stechen, wenn man schnell das Ergebnis oder eine Erkenntnis während des Trainings notieren will. Beim Draußen-Training sollte man die Klemmbretter mit Regenhäubchen wählen.

- (Hand)Tuch, z. B. um den Sabber zwischendurch von den Händen zu wischen. Viele Hunde neigen dazu (Pavlov lässt grüßen), während des Trainings mit Futterverstärkern stark zu speicheln, und mit nassen Händen durchweicht die Dokumentation irgendwann.

- Schleppleine, Motivationsspielzeug, Geschirr, Halsband, Pausen-/Start-Decke, Transportbox, Bodenanker, Target-Stab (oder die obligatorische Fliegenklatsche) etc.

- Wasser! Gerade beim Arbeiten mit Trockenfutter wird häufig vergessen, zwischendurch Wasser anzubieten! Ich kenne Hunde, die nach 30-50 TroFu Belohnungen dringend saufen müssen, bevor sie motiviert weiterarbeiten können.

- Verstärker: „Oh-my-God-Food"; Trockenfutter; Wurst; Käse; Fisch; qualitativ unterschiedliches Futter, wenn mit differenzierter Verstärkung gearbeitet wird, Motivations-Gegenstände (Zergel, Ball, Dummy, Futter-Dummy, Reiz-Angel etc.)

- Sekundäre Verstärker: Klicker, Pfeife, Knackfrosch, Lobwort etc.

- Messgeräte: Timer, Stoppuhr, Maßband, Zollstock, Waage etc.

- Gegenstände zur Manipulation der Umwelt, z. B. Sichtschutz, umzäuntes Grundstück/Wiese etc.

Kapitel 6

Muster

Tool-Box!
Meine Werkzeuge

Formblätter

Wie versprochen kommen hier die Muster. Ich habe mir für mein Training die notwendige Dokumentation in Formblätter gepackt.
Alle Formblätter finden Sie als Download unter
www.hundebuchshop.com/hundetraining-formblaetter-download.htm

- *Ziel (= Soll)*

- *Ausgangssituation (= Ist)*

- *Trainingsplanung (= Delta)*
  a. Grobe Übersicht: Meilensteine
  b. Trainingsschritte

- *Zählblatt (= Trainingsprotokoll)*
  3 Varianten

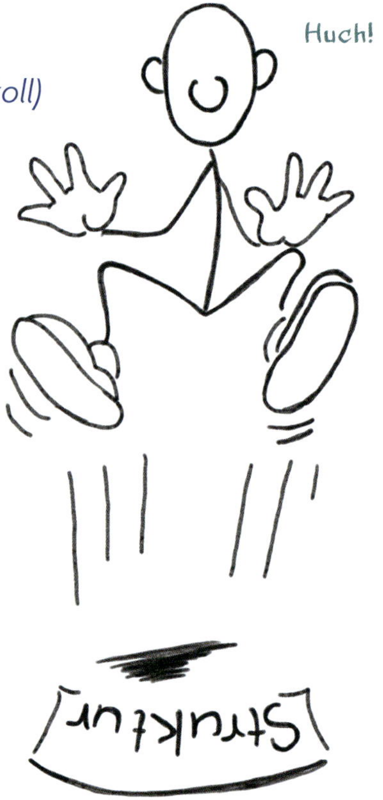

www.sid-tk.de

Ist - Ausgangssituation

0. EVALUATION

1. Was kann das Tier?

2. Was kann der Trainer?

3. Welche Ausstattung wird benötigt, ist vorhanden, fehlt?

4. Welche Einschränkungen, Möglichkeiten bietet der Ort?

5. Welche Verstärker werden eingesetzt, welche (konkurrierenden) sind vorhanden?

Informationen zum Verhalten

1. Was ist über das Verhalten allgemein resp. mir bekannt?

2. Was muss/ sollte bei dem Verhalten beachtet, berücksichtigt werden?

3. Welche Informationen sind vorhanden, werden noch benötigt?

4. Welche Gesetze, Regeln gibt es?

Susanne A. Schmitt 2019©

Stand: ________________

__/__

Als Beispiel-Verhalten habe ich mir die „Sweety-Hand“ rausgesucht.

Hier bringe ich dem Hund bei, meiner Hand zu folgen, wenn sie eine bestimmte „Form“ hat. Ich nenne sie „Sweety-Hand“ oder „Vogelkopf“. Alle fünf Finger berühren sich an den Fingerspitzen.

Der Hund soll dieser Hand, ohne weiteres Wortsignal, folgen. Ich nutze die Sweety-Hand als Target, das ich immer dabeihabe, um den Hund in eine bestimmte Position zu dirigieren. Sei es in der Straßenbahn, im Restaurant, in einer Warteschlange etc. Auch für das Training von anderen Verhalten ist dieses Handtarget äußerst praktisch, da ich den Hund ohne Stress und viel Rumgewurschtel schnell in die Start- resp. Ausgangsposition führen kann.

Muster ausgefüllte Formblätter

Ich schreibe mir alle Gedanken zum Verhalten *mit* Datum auf ein separates Blatt, welches ich „Mind Map“ nenne. (Dies passiert formlos, deshalb wäre das Formblatt zum Download einfach nur ein leeres Stück Papier!)

So kann ich die Ideen und Entscheidungen für bestimmte Trainingsschritte immer nachvollziehen und probiere nicht dasselbe zwei Mal, außer, es kommen neue Erkenntnisse dazu oder die Gründe des Nichtfunktionierens beim ersten Mal sind nicht mehr gegeben. Dann probiere ich es in abgewandelter Form eventuell ein zweites Mal.

In der „Mind Map“ sammle ich auch Ideen zum Training, die ich irgendwo gesehen habe und vielleicht zukünftig mal ausprobieren möchte ... immer auf der Suche nach Verbesserung des bisherigen Trainings.

Muss man nicht so machen, kann man aber!

Die oben vorgestellten Formblätter resp. die strukturierte Vorgehensweise funktioniert auch, wenn man gleich alles in den entsprechenden Seiten reinschreibt.

Was alles so in meiner „Mind Map“ drinsteht:

- Notizen zum Verhalten selbst, worauf man achten sollte, welche wissenschaftlichen Erkenntnisse es gibt
- Links zu guten Beispielen von anderen Trainern, Mustern, Videos oder Untersuchungen
- Entscheidungen zu durchgeführten oder verworfenen Trainingsschritten und deren Entstehung
- evtl. Notizen zu bestimmten Trainingseinheiten
- Szenarien-Skizzen, Positionen von Gegenständen, Hund, Hundeführer und evtl. Ablenkungen
- ungeklärte Fragen
- Alternativen, „Plan-B“-Vorschläge
- Erkenntnisse

  etc.

Bei den Inhalten der Formblätter werdet Ihr lesen, dass ich häufig die Begriffe: „zurzeit“, „im Moment“, „bisher“ etc. nutze. Dies ist dem Umstand geschuldet, dass in jedem Training die *aktuelle* Verfassung des Hundes und des Trainers berücksichtigt werden *müssen*, und die sind halt oft unterschiedlich.

Es heißt nicht umsonst in TopTrainer-Kreisen: „Du trainierst nicht den Hund von gestern!“

Die Formblätter habe ich nachbearbeitet, damit Ihr leichter meinen Gedankengängen folgen könnt. Normalerweise schreibe ich noch stichpunktartiger und mit noch mehr Abkürzungen oder Schlagwörtern, die mir eine ganze Situation beschreiben können wie z. B. „KGV“ bei Umgebung heißt für mich „Kleingartenverein“, bedeutet: dass ich bei mir im Garten trainiert habe.

Dokumentationsbeispiel: Ziel (= Soll)

www.sid-tk.de

Soll - Ziel Sweety-Hand

1. Was genau soll das Tier machen?

Soll Sweety-Hand anschauen, sobald sie vor seiner Nase auftaucht + ihr im Abstand folgen
„mit Sweety-Hand positionieren lassen" —> Zweck

2. Aus welcher Ausgangsposition?

im Liegen / Sitzen / Stehen / in Bewegung / in den Übergängen: zB sitzen zu stehen + umgekehrt etc.

3. In welcher Position zum Trainer? HF 360° um HD
Armlänge Abstand um den Hund

4. Mit welcher Körpersprache? „entspannt" + „aufmerksam"

5. In welcher Ablenkung? „normal" + „gestresst"
„Alltagssituationen": bekannte + fremde Menschen, Tiere, Gegstände in Bewegung oder still; witterungsunabhängig

6. In welcher Umgebung? „normal" + „gestresst"
Trainingsräume; Tierarzt; Restaurant; Warteschlangen; S-Bahn etc.
drinnen + draußen; Stadt-Land-Wald; still + laut; bekannt + fremd; viel Platz + Enge

7. Wie lange? max 3min (vorläufig) „nur zum dirigieren / positionieren!"
Sweety-Hand folgen bis Freigabe oder neues Verhalten
WS: Freeze

8. Welche Distanzen? 10m / Armlänge / 2cm
folgen = 10 m
Nase – Hand = 2cm
HF – HD = Armlänge

9. Auf welches Signal? NUR Körpersignal = Sweety-Hand
„Vogelkopf" = alle 5 Fingerspitzen einer Hand berühren sich
rechte + linke Hand

10. Wie schnell nach dem Signal? Latenz = „Prompt" = 0,5 sec

Susanne A. Schmitt 2019© Stand: 1.1.2019 1/1

Hinweise zum Beispiel

Die Beschreibung der **Körpersprache** des Hundes sollte in einer beobachtbaren Körperhaltung und Mimik erfolgen. Wenn man mit dem eignen Hund trainiert, kann man die Beschreibung ein wenig pauschalieren, wie „entspannt", aber „aufmerksam".

Die Ablenkungen können in der Zielbeschreibung allgemeiner in Gruppen zusammengefasst werden. Bei den Trainingsschritten oder auf dem Zählblatt stehen später dann die genaue **Ablenkung**, die **Umgebung** und die Besonderheiten drin.

Bei der **Dauer** ist es sinnvoll, die Gesamtdauer ebenfalls zu notieren.

Distanzen sind meist mehrere vorhanden. Sie können alle unter einen Punkt zusammengezogen werden. Bei meinem Beispiel sind es drei:

1. Distanz zu folgen: zurzeit auf 10 m begrenzt

2. Distanz zum Hundeführer: zurzeit ist der Hundeführer nur eine Armlänge vom Hund entfernt.

3. Distanz zum Signal (Sweety-Hand): „genau" 2 cm

   Die Nase des Hundes soll 2 cm vor der Hand schweben, Ziel ist *nicht*, die Hand zu berühren. Der Verstärker wird deshalb „*nie*" aus der Sweety-Hand präsentiert, damit die Nase des Hundes „*nie*" mit der Sweety-Hand in Berührung kommt. Bei diesem Verhalten arbeite ich daher auch mit dem Klicker, um den Abstand noch deutlicher zu markieren.

   (*Nie* steht in Anführungszeichen, weil wenn es doch passiert, sollte man zumindest keinen Verstärker geben, sondern nur lächeln und daran denken, „dass es nicht den Untergang der westlichen Zivilisation bedeutet und auch Morgen die Sonne wieder aufgehen wird", wie Bob Bailey immer so schön bemerkt.)

   Wir gestehen dem Hund kleinschrittiges Lernen zu, das gleiche sollten wir bei uns auch tun!

Die Sweety-Hand (Vogelhand) ist das **Signal**, auf welches der Hund das Verhalten starten soll. Sie wird vom Hundeführer (zurzeit) vor die Augen des Hundes gehalten.

Das Signal Sweety-Hand soll sich deutlich von allen anderen Handzeichen unterscheiden!

Die **Verzögerungszeit** (Latenz) ist die Zeit, die zwischen geben des Signals und zeigen des Verhaltens verstreicht. Auch hier müssen wir die unterschiedlichen Persönlichkeiten und körperlichen Fähigkeiten der Hunde berücksichtigen. Prompt heißt für mich bei meinem Hund innerhalb einer halben Sekunde.

Grundsätzlich können *alle* Parameter angepasst werden, sobald neue Anwendungsbereiche gewünscht werden oder sich auftun. Wichtig ist, daran zu denken, dass der Hund nicht automatisch Parameter generalisiert! Wir müssen immer erst evaluieren, ob der Hund versteht, dass er der Sweety-Hand ab sofort auch 11 Meter oder 3:30 Minuten folgen soll, wenn bisher immer nur höchstens 10 Meter bzw. 3:00 Minuten abgefragt wurden.

Bitte daran denken, je aufmerksamer („schlauer") ein Hund ist, desto genauer wird er auf diese Unterschiede achten, desto schwieriger wird es für ihn, wenn wir mit den Parametern schlampig umgehen!

Dokumentationsbeispiel: Ausgangssituation (= Ist)

www.sid-tk.de **Ist - Ausgangssituation** Sweety – Hand

0. EVALUATION Hand + Position HF

Bewegung + Stillstand Hand –> Reaktion + Bewegung HF um HD
Verwechslung mit anderen Handsignalen („Kinn" „Andocken") prüfen

1. Was kann das Tier? R+ Hund

Sehen + folgen; enge Kurven manchmal schlecht, wenn Verspannung im Nacken; aufstehen + hinlegen schnelle Wechsel kein Problem

2. Was kann der Trainer? R+ Trainer

beidhändig mit Klicker, Futter + Ggständen; motorisch o.k.

3. Welche Ausstattung wird benötigt, ist vorhanden, fehlt?

=> im Trainings~~plan~~protokoll festlegen
bei TS Planung berücksichtigen!

4. Welche Einschränkungen, Möglichkeiten bietet der Ort?

=> im Trainingsprotokoll festlegen
Vor Ort prüfen –> auf MS + TS abstimmen

5. Welche Verstärker werden eingesetzt, welche (konkurrierenden) sind vorhanden?

=> im Trainingsprotokoll festlegen
(Spiel: für nach Training manchmal dran denken!)

Informationen zum Verhalten

1. Was ist über das Verhalten allgemein resp. mir bekannt?

Target vor der Nase lässt viele HD Untergrund nicht gescheit wahrnehmen –> Löcher, Hindernisse, Fuß-Target

2. Was muss/ sollte bei dem Verhalten beachtet, berücksichtigt werden?

„Kinn" + „Andock"-Target sauber abgrenzen

3. Welche Informationen sind vorhanden, werden noch benötigt?

/

4. Welche Gesetze, Regeln gibt es?

Lerngesetze; Matching Law

 Stand: 1.1.2019 | 1, 1

Hinweise zum Beispiel

Da es mein eigener Hund ist, den ich im Beispiel trainiere, brauche ich nur ein paar Stichpunkte sammeln. Bei fremden Hunden sollte man sich ausreichend Zeit lassen und das ein oder andere genauer beim Hundehalter hinterfragen oder auch mal ausprobieren, damit für die Planung der Trainingsschritte keine falsche Basis zugrunde gelegt wird.

Anhand der Fragen wird klar, dass man dies vor jedem Training checken muss, außer man befindet sich immer im selben „Labor“. Die ein oder andere Frage sollte man sich auch während der einzelnen Trainingsschritte stellen, zum Beispiel: Was kann der Hund? Was kann der Trainer? Bei gutem Training wird gerade hier eine schnelle Veränderung stattfinden!

Deshalb sollte man hier den Checklisten-Charakter sehen. Wer mag, kann natürlich vor jedem Training dieses Formblatt neu ausfüllen!

Wichtig ist hierbei, die Erkenntnisse vorangegangener Trainingseinheiten in die Planung der weiteren Trainingsschritte einzubeziehen. Deshalb steht bei mir überall ein Datum drauf …

Die Tiefe der **Evaluation** fällt bei jedem Verhalten anders aus. Ich prüfe immer die Reaktion (vor allem auch Neugier und evtl. Ängstlichkeit) und deren Intensität des Hundes auf die aktuellen Gegebenheiten.

Beim **Können** schaue ich auch auf evtl. körperliche Einschränkungen und Bewegungsvorlieben für eine bestimmte Seite. Wichtig! Wie wurde der Hund bisher trainiert (*nur* positive Verstärkung, *nur* aversiv oder *gemischt*).

Motorisches Geschick und handwerkliches Können sind, neben den Lerngesetzen beim **Trainerkönnen** interessant.

Die Ausstattung, Einschränkungen, Verstärkerfragen beantworte ich meist erst beim Trainingsprotokoll, außer, es bedarf der besonderen Vorbereitung, dann nehme ich es auch in die Meilensteine, weil sie die Übersicht über alle Trainingsschritte bilden.

Bei den **Informationen zum Verhalten** kann man schlecht „neutrale“ Beispiele machen. Die Inhalte beziehen sich nun mal *nur* auf das zu trainierende Verhalten. Wenn man z. B. Trüffelsuche trainiert, sollte man wissen, dass Trüffelsuchen in Deutschland per **Gesetz** verboten ist.

Im obigen Beispiel mit der Sweety-Hand muss ich **beachten**, dass mein Hund bereits ein „Kinntarget“, bei welchem er sein Kinn in meine flach angebotene Hand legt, und ein „Aufmerksamkeitstarget“, bei welchem er mit der Nase an meine senkrecht gehaltene Hand andocken soll, kennt. **Diese Verhalten** haben schon viele Verstärker erfahren.

Ich präsentiere meine Sweety-Hand so, dass er die Signale nicht so leicht verwechseln kann.

Ich arbeite standardmäßig mit Futter als Verstärker, weil man das am besten dosieren kann. Beim Spiel (Hetzen an der Reiz-Angel, Zergeln etc.) ist mir der Erregungszustand meines Hundes zu hoch.

Und nachdem ich einen leicht erregbaren Hund habe, dosiere ich auch die Qualität des Futters je nachdem, wie er sich im Training präsentiert, z. B. Leberwurst, wenn er wenig erregt ist oder Trockenfutter, wenn andere Hunde in der Nähe sind (da wird auch das langweiligste Futter attraktiv).

Sweety-Hand-folgen ist eher ein ruhiges Verhalten, auch deshalb fällt die Wahl auf Futter. Muss aber nicht so bleiben, weil ich bei jedem Training prüfe, ob Futter (heute) ein geeigneter Verstärker ist.

Außerdem zu beachten bei diesem Verhalten: Hunde, die sich auf ein Target vor der Nase konzentrieren, nehmen meist nicht mehr wahr, wo sie langlaufen, was sie dabei berühren oder welcher Untergrund vorhanden ist.

Dokumentationsbeispiel: Grobe Übersicht/ Meilensteine (= Delta Grob)

www.sid-tk.de

Delta - Meilensteine Sweety-Hand

0. EVALUATION aus Ist übernehmen!

1. Verhalten herstellen

HD hält seine Nase in Rtg. Sweety-Hand + versucht den Abstand zu halten.

2. (Arbeits-)Signal einführen entfällt! ist schon dabei MS 7

evtl. Diskriminierung extra trainieren zw. den unterschiedl. Handsignalen → zB hier

3. Genauigkeit

unterschiedliche Kontexte! „Stimulus Picture" BB 2018 Gillenfeld
HF Positionen + Bewegungen
alle 5 Positionen: liegen/ stehen/ sitzen/ Bewegung/ Übergänge

4. Verhalten verdichten

Bälle; Futter; fremde Orte; lustige Bewegungen HF

5. Dauer *

=> siehe Zielvorgaben im Trainingsplanung TS + Protokoll

Kleinschrittig!

6. Abstand/ Distanz

=> siehe Zielvorgaben in Trainingsplanung TS + Protokoll

Seeehr kleinschrittig -> F. hat Thema!

7. Ablenkung „freie Wildbahn" *

Kontrollierte Ablenkungen => Trainingsplanung TS
zB Wildgehege LL + andere Trainer mit Hunden

8. Generalisieren

unterschiedl. Orte tw. ~~keine~~ kaum Kontrolle möglich zB S-Bahn
TA-Wartezimmer nutzen

9. Verhalten erhalten „Wartungsplan"

=> nach MS 8 Abschluss + Validierung

* Einführung des endgültigen Signals

Susanne A. Schmitt 2019© Stand: 2.7.19 1/1

Hinweise zum Beispiel

Die Meilensteine bilden die generelle Übersicht. Jeder muss für sich entscheiden, wie viel er hier hinterlegen möchte und wie oft sie aktualisiert werden. In Protokollen und den einzelnen Trainingsschritten kann schon mal eine Erkenntnis verloren gehen, weil es in Summe mehr Blätter sind und mit jedem Training mehr werden ...

Zum Beispiel oben sei nur ergänzt, dass nach dem siebten Meilenstein das Verhalten für den Ernstfall „fertig ist“. Der Abschluss sollte validiert und mit den Anforderungen vom Zielblatt überprüft werden. Dies ist dann wichtig, wenn man Hunde für andere Leute ausbildet.

Das Projekt „Verhalten XY herstellen“ ist erfolgreich beendet!

Jetzt beginnt die Wartungs- bzw. Erhaltungsphase des/der erlernten Verhalten/s. Darüber könnte man auch nochmal ein ganzes Buch schreiben .... deshalb hier nur so viel: der Erhaltungsplan lebt von den Erkenntnissen der Trainingseinheiten. Sie zeigen, was ich wann, wie „auffrischen“ sollte, damit das Verhalten in gleichbleibender Qualität vom Hund gezeigt werden kann. Deshalb ist eine gute Dokumentation mit einer guten Wiederauffindbarkeit „Gold“ wert.

Dokumentationsbeispiel: Trainingsschritte (= Delta Detail)

www.sid-tk.de

Delta - Trainingsschritt MS 3/TS 1 Sweety-Hand

1. Was ist der Ausgangspunkt? MS 1 erl. für alle 5 Positionen (mit Varianten)

1 liegen o.k.
2 stehen o.k.
3 sitzen o.k.
4 Bewegung + 3-4 Schritte (siehe TP – MS 1 TS 3!) o.k.
5 Übergänge (+ Varianten) o.k

2. Wann gehe ich zum nächsten Trainingsschritt? HF 360° + „hoch/tief" + Armlänge

Gilt für alle 5 Positionen:

80% 2x 10er Päckchen (mind) + PENG

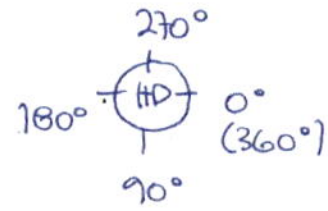

3. Was genau will ich verstärken (Klickpunkt)?

1) BK halten
2) Abstand halten

Entscheidung im TS!

4. Wo ist der Futterpunkt?

am Target = Sweety-Hand (≙ Lockpunkt)

5. Wo gebe ich Hilfen, wie will ich sie auf-/abbauen (Lockpunkte)?

Keine! Lockpunkt ≙ Sweety Hand ≙ Signal

evtl. zzt Augenhöhe -> später ändern?

6. Wie sind die Start-Mitte-Ende (Übergangs-)Positionen? Start Session: HD reinführen (~~Startm~~ Bodtarget)

WS >Start<

Start Trial: aus Pos 1-5

Ende Session: >free<

Mitte: Sweety-Hand präsentieren, wenn Ruhe

Pause -> Decke

Ende: ⊄ + Fu; Sweety-Hand weg; HD bleibt in Pos

>Pause<

7. Wie sind die Start-, Ende-, Pause-Signale?

WS: >Pause<; >Start<; >Ende<; >Decke<

KS: Sweety-Hand

8. Wie stehe ich (Gegenstände) zum Tier? 360°!!!

1) 360° um HD
2) Armlänge
3) „hoch-tief" Hocke bis Stehen

9. Welche primären/ sekundären Verstärker setze ich ein?

Futter; Klicker (Spieli begrenzt!)

* Einführung des endgültigen Signals

Susanne A. Schmitt 2019©

Stand: 2.2.2019 1/1

Hinweise zum Beispiel

Wir befinden uns im dritten Meilenstein (Genauigkeit) beim ersten Trainingsschritt.

Ich ermittele mir die einzelnen Trainingsschritte, indem ich die Vorgaben/ Parameter für das Zielverhalten anschaue und für jedes Teilziel das Delta, den Weg von der Ausgangssituation zum Ziel, in kleine Schritte unterteile, die ich dann trainiere.

Die Reihenfolge der einzelnen Parameter ist grundsätzlich abhängig vom Verhalten und kann leicht oder stark variieren. Bei meinem bisherigen Training der Sweety-Hand hat sich herausgestellt, dass die nachfolgend beschriebene Reihenfolge (unter Berücksichtigung der Meilensteine) die zurzeit effizienteste scheint.

Mögliche Unterteilung der Trainingsschritte

Trainingsschritte 2 bis 3: Hundeführer: im Hocken/im Stehen/in der Bewegung oder

Trainingsschritte 2 bis 4: Position des Trainers 360° um das Tier herum trainieren, zB in 90° Schritten oder mehr, was der Hund halt noch mit „ja" beantworten kann.

Das weitere Training, wie könnte es anders sein, ist abhängig von den trainierten Ergebnissen, vom jeweiligen Hund, vom Trainer und wie der am liebsten vorgeht. Mein Hund hat z. B. die Neigung, die Position des Trainers schnell mit dem Verhalten zu verknüpfen, deswegen trainiere ich erst die 360°-Positionen um den Hund herum, danach erst die unterschiedlichen Armlängen.

Wichtig! Ceteris paribus! Das heißt: Immer nur ein Parameter pro Trainingseinheit (z. B. 10er Päckchen; „Minutentraining" etc.) ändern! Wenn der Hund 5 x hintereinander fehlerlos das 100% Verhalten zeigt, kann ich immer noch diese Einheit beenden und *kontrolliert* den nächsten Parameter verändern und eine neue Einheit beginnen.

Die fünf „Start-Positionen" (Liegen/Stehen/Sitzen/in Bewegung/Übergänge) des Hundes beim Training der Sweety-Hand habe ich einfach in einem Trainingsschritt zusammengezogen. Die unterschiedlichen Positionen sind im Protokoll dokumentiert, damit nix vergessen wird.

Diese Art der Trainingsplanung lässt sich beliebig ausdehnen oder zusammendampfen, wie's grad der Bedarf an Details notwendig macht.

Dokumentationsbeispiel: Protokoll

www.sid-tk.de

Protokoll Variante 2

Sweety – Hand

MS/TS: 3/1 2030 HD Pos 1 (liegen) HF 0° + hocken (270°, 180°, HD, 0°, 90°, 360°) WZ Teppich; Huhu rot	MS/TS: HF 180°
+ + + + – + + + + +	S + + + + + + + + + +
Ergebnis hocken + rechts vom HD o.k. Prompt! ✓	Ergebnis hocken + links vom HD o.k.
MS/TS: HF 90°	MS/TS: dito
– + – + – + + – + –	S + + – + – – + + + +
Ergebnis versucht sich umzudrehen ich muss noch stiller ~~stehen~~, mich weniger bewegen hocken!	Ergebnis besser → nochmal
MS/TS: dito	MS/TS: dito
– + + + – + + + + –	S + + – – + + + – + +
Ergebnis besser → ein wenig mehr bewegen	Ergebnis Achtung! minimal anfangen! Target mit meiner Bewegung während
MS/TS: –2040 dito *1 2 Stück für halten ohne blinzeln	MS/TS: 2050– dito *1
+ + – + + + – – + +	P + + – + + + + + + +
Ergebnis ~~zurück 1 Stück~~ o.k. 70% nochmal	Ergebnis ✓ o.k. 90% Bewegungen mäßig
MS/TS: HF 270° ✓ zurück 1 Stück	MS/TS: ✓
+ + + + – + + + – +	S + + + – + + – + + +
Ergebnis Bewegung mit eingebaut 80% → mehr Bewegung	Ergebnis 80% mit viel Bewegung rel. → brauche ich für Genauigkeit!

Susanne A. Schmitt 2019©

Datum: 11.05.2019 1/3

Hinweise zum Beispiel

Das Protokoll des Trainings.

Im Kapitel 6 bei den Formblättern wurde bereits angesprochen, dass unterschiedliche Varianten zur Verfügung stehen. Je nachdem, welche Informationen man wo hinterlegen möchte. Für mein Beispiel Sweety-Hand habe ich mich für die Variante 2 entschieden.

Informationen, die mir wichtig schienen:

- Datum des Trainings & Dauer der Session bis zu den Pausen und/oder Ende der Einheit
- aktueller Verstärker
- grob die Örtlichkeit, daran kann ich erkennen, welche „latenten“ Ablenkungen evtl. vorhanden gewesen sein können
- MS/TS: 3/1 => Position des Hundes, meine Position in Gradangaben => Skizze auf dem Protokoll
- S= Stopp der Einheit => hier 10er Päckchen; Hund wird auf seine Startposition gebracht, auf welcher er warten gelernt hat, weil ich die Doku machen muss oder nochmal Futter nachladen muss
- P= Pause nach mehreren Einheiten => Session ist noch nicht zu Ende! Hund wird auf seine Pausendecke geschickt; Setting wird geändert, Doku geprüft, neues Futter geschnitten etc.
- E= Ende der Trainingssession => alles abbauen, Hund „entlassen“

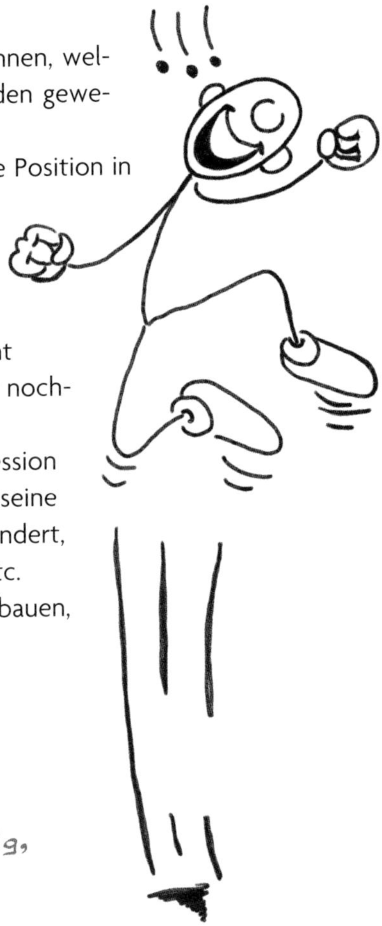

Kaum mancht man's richtig, schon funktioniert's!

Kapitel 7

Verweise, Links, Literatur

Divide et impera!

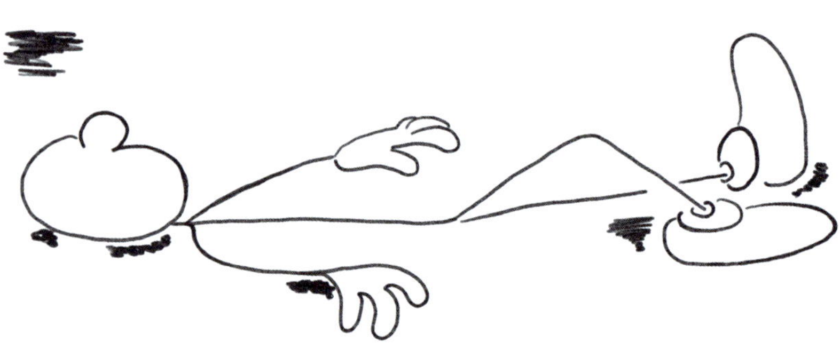

Hier die versprochenen Tipps zu weiterführender Literatur, nicht nur für „Trainings-Nerds“, und Links zu empfehlenswerten „Stöber-Seiten“ im Internet.

Literaturbeispiele

Animal Behavior – Keller Breland, Marian Breland, Robert E. Bailey

Verstärker verstehen: Über den Einsatz von Belohnung im Hundetraining – Viviane Theby

Wie der Mensch, so sein Hund: Mit positiver Bestärkung zum glücklichen Team – Dr. Sophia Yin

Miteinander reden, Band 3: Das „Innere Team“ und situationsgerechte Kommunikation – Friedemann Schulz von Thun, Verena Hars

Lernen und Verhalten – James E. Mazur, Elisabeth Steinweg-Fleckner

Die Neuropsychologie des Hundes – James O'Heare

Leben will gelernt sein: So helfen Sie Ihrem Hund, Versäumtes wettzumachen – Birgit Laser, Wibke Hagemann

Denkende Tiere: Der kluge Hans und meine Pferde Muhamed und Zarif – Karl Krall

Agility Right from the Start – Eva Bertilsson

Schreck lass nach: Der Einfluss von Stress und Angst auf Gehirn und Verhalten – Ute Blaschke-Berthold, Heike Westedt

Tellington-Training für Hunde – Linda Tellington-Jones

Clickertraining leicht gemacht – Vivane Theby

Liebst Du mich auch? Die Gefühlswelt bei Hund und Mensch – Patricia McConnell

Das andere Ende der Leine. Was unseren Umgang mit Hunden bestimmt – Patricia McConnell

Antijagdtraining – Ariane Ullrich, Pia Gröning

Hundeverstand – John Bradshaw

Hunde: Neue Erkenntnisse über Herkunft, Verhalten und Evolution der – Raymond Coppinger, Lorna Coppinger

Hundepsychologie (Wesen und Sozialverhalten) Wesen und Sozialverhalten – Dorit Feddersen-Petersen

The Behavior of Organisms: An Experimental Analysis – Burrhus Frederic Skinner

The Technology of Teaching (B. F. Skinner Foundation Reprint Series) – Burrhus Frederic Skinner

The Misbehavior of Organisms – Keller Breland, Marian Breland

Links zu Allerlei

https://www.sid-tk.de/ Meine Internetseite
https://www.hundebuchshop.com/
Wie der Name schon sagt, ein Shop nur für Hundebücher ... herrlich!
https://www.tierakademie.de/
Meine Lieblings-Lern-Akademie!
https://www.wimeti.at/
Großartige Seminar-Angebote, überzeugte „R+“ (arbeiten mit positiver Verstärkung) Trainer.
https://www.easy-dogs.net/
Immer super Beiträge und Seminarangebote mit unterschiedlichsten Referenten zu „allen“ Hundethemen.
https://www.hundeschule-amperland.de/
Die Hundeschule meines Vertrauens in meiner Nachbarschaft.
https://www.dogaudit.at/
Ambitioniertes Projekt aus Österreich, welches ich zukünftig unterstützen möchte.
https://www.hunde-die-helfen.de/
Mein Kooperationspartner bei vielen Veranstaltungen und eine besonders liebenswerte Kollegin, mit der ich immer wieder neusten Trainings-Erkenntnisse ausprobiere.
http://www.behaviorworks.org/
Ich mag Susan Friedman und die grandiosen Videos (nicht nur Hunde), die sie immer wieder postet, in Bezug auf Training mit positiver Verstärkung.

Über die Autorin

Dipl. Ing. Susanne A. Schmitt strukturiert von Berufs wegen in einem mittelständischen Produktionsbetrieb die internen Arbeitsabläufe. Parallel ist sie als Lead-Auditorin (Bereich: Qualitätsmanagement) für den TÜV Austria tätig. Als Quereinsteiger über den eigenen Hund zum professionellen Hundetraining gekommen (u. a. T.O.P. Trainerin Tierakademie Scheuerhof; Trainingsspezialist: Hund; Sachkunde §11 TierSchG), verbindet sie die Vorzüge eines strukturierten Projektmanagements mit dem Wissen um das Training mit positiver Verstärkung. Ihr liegt es besonders am Herzen, sinnvolle „Werkzeuge" aus der Projektplanung mit dem Tiertraining zu vereinen.